风物广西

风云·风景·风情·风土·风味

曾涛 主编

气象出版社
China Meteorological Press

U0150421

图书在版编目（CIP）数据

风物广西 / 曾涛主编. -- 北京 ：气象出版社，
2021.11
　　ISBN 978-7-5029-7521-0

　　Ⅰ. ①风… Ⅱ. ①曾… Ⅲ. ①气候资料-广西-普及
读物 Ⅳ. ①P468.267-49

　　中国版本图书馆CIP数据核字(2021)第162989号

风物广西
FENGWU GUANGXI

出版发行：气象出版社

地　　址：北京市海淀区中关村南大街46号　邮政编码：100081

电　　话：010-68407112（总编室）　010-68408042（发行部）

网　　址：http://www.qxcbs.com　　E - mail：qxcbs@cma.gov.cn

责任编辑：殷　淼　邵　华　　　　终　　审：吴晓鹏

责任校对：张硕杰　　　　　　　　　责任技编：赵相宁

封面设计：阳光图文工作室

印　　刷：北京地大彩印有限公司

开　　本：710 mm×1000 mm　1/16　　印　　张：16.5

字　　数：323千字

版　　次：2021年11月第1版　　　　印　　次：2021年11月第1次印刷

定　　价：72.00元

《风物广西》编委会

主编：曾　涛

编委：黄姿娜　韩嘉乐

美编：吴天明

序

气象和我们的生活息息相关，气象科学是我们身边的科学。做好气象科普宣传工作，有利于人民群众认识和掌握气象科学知识，提高防灾减灾意识，趋利避害安排好生产生活。

壮美广西，气象万千。广西地理环境复杂，漫长的海陆变迁和气候变化，造就了丰富多彩的自然奇观；在亚热带季风气候影响下，光、温、水资源优势得天独厚，气候类型多样，农业发展因地制宜；12个世居民族拥有悠久的历史、丰富的文化，在与自然的和谐共处中，积淀了独具特色的人文风情……这些都是广西开展气象科普宣传工作的富矿。

近年来，广西壮族自治区气象局采取多种举措加强气象科普宣传工作，科普场馆设施不断完善，科普产品和活动形式多样，气象科普常态化、社会化、业务化、品牌化的格局初步形成，尤其是着力于挖掘地域民族文化，打造了气象山歌、气象谚语、气象科普主题屋、气象大喇叭科普联播等气象科普品牌，取得了良好的宣传效果，有力地推动了气象科普工作融合创新发展。

《风物广西》一书历时两年，凝结了编写组的心血与汗水。此书汇集了诸多近年来广西优秀气象科普作品，集科学性、实用性与趣味性于一体。此书立意高、角度新，为广大读者打开一个气象的视角，品味广西。希望通过这本书的出版发行，进一步推动广西气象宣传科普工作的有效开展，使之更好地服务于壮美广西建设和人民福祉。

广西壮族自治区气象局党组书记、局长
2021 年 5 月

目录

序

风云篇

风与云的呼应，气象万千；山与水的缠绕，地理纵横；时间与空间的转换，历史沉浮。刘三姐的歌，拂过时间的河，这首山歌你可听过？

摄影：陈雪华

寻古访今广西气候

朱秋宇

　　广西位于中国南部（北纬 20° 54′ ~ 26° 23′，东经 104° 28′ ~ 112° 04′）。北宋端拱元年（988 年），因实行"分路而治"，在此设置广南西路，简称"广西路"，这是"广西"这一名字第一次使用。广西地形周高中低，山多平原少，岩溶广布，山水秀丽，北接南岭山地，西延云贵高原，南面陆地与越南接壤，濒临南海，北回归线横贯中部。复杂的地形地貌和季风的影响造就了广西雨热同季、干湿分明、日照丰富、冬短夏长的独特气候条件。

　　考古发现，从仰韶文化（大约在公元前 5000 年—公元前 3000 年）到安阳殷墟时期（大约在公元前 1300 年—公元前 1046 年），陕西、河南、山东一带有竹鼠、野猪、水牛和大象生活，有竹林分布。由此推测当时黄河流域气候相当温暖，那么，地处更低纬度的广西应属热带气候。

　　商朝时，据《逸周书·商书·伊尹朝献》记载："伊尹受命，于是为四方会曰，'臣请……正南，瓯、邓……请令以珠玑、玳瑁、象齿、文犀……为献'。"瓯，即西瓯，是当时广西辖区内百越民族的一个支系。根据该记载，商时广西的西瓯要向北方新贵上贡象牙等特产，也说明广西当时有野象生活，应是热带气候。

　　西周时期，据《竹书纪年》记载，公元前 903 年和公元前 897 年，汉水两次结冰，接着又发生大旱，这表明我国公元前 10 世纪前后有一段寒冷期。由此推断，广西也应在此期间有一段气候较冷时期，但这段冷期较短。

　　战国时期二十四节气形成，雨水节气的日期比现在要早，说明当时中原雨季较早，与现在两广的节令相近，这意味着当时中原气候比现在温暖得多，在其南方的广西也应比现在暖，并且这次暖期可能维持到西汉。秦始皇统一岭南后，设置桂林、南海、象三郡。象郡治所在崇左市江州区，其含义可能是野象分布的地方。从秦朝到三国，不少当时的文献都有犀角、象齿、孔雀的记载，

漓江日出　摄影：阮海

说明秦朝到汉朝期间，广西的气候比较温暖。

从三国时期到南北朝，我国气候又出现了一段偏冷的时期。281年，"苍梧（梧州）大雪"，是广西南部最早的大雪记载，也说明广西此时气候较冷。

隋朝在广西设象县，可能与野象分布有关。唐朝时柳宗元被贬柳州，他在诗文中写道"山腹雨晴添象迹"，反映了桂中有野象分布的史实。隋唐许多文献有关于两广"多瘴疠"的记载，这也是当地炎热、湿润气候的反映。同时，也有不少关于两广沿海有鳄鱼的记载，这种鳄鱼据考证叫湾鳄，生活在热带海洋地区的河流湖泊里，现在仅南海南部才有。广西这一时期应为比较典型的热带气候。

宋朝以后，我国气候有在波动中变冷的趋势。宋朝周去非在《岭外代答》中记有："钦（州）之父老云，'数十年前，冬常有雪'。"说明曾有特大寒潮侵袭钦州一带。据《梧州府志》记载，梧城在1384年曾大雪漫山，一点都不输北方。

这之后的一个时期，广西气候虽有冷暖交替的波动，但总的趋势是变冷。特别是明清时期，关于霜雪的记载增多，某些时期的气候比现在要冷。如明嘉靖元年（1522年）农历十二月及明嘉靖五年（1526年）农历十二月，沿海的钦州、合浦均有"大雨雪，池水结冰，树木皆枯，民多冻死"的记载。光绪十八年农历十一月二十七日至二十九日（1893年1月14—16日），记载有：玉林大雪

"平地凝结尺许，六日方消释"，兴业"雪厚六七寸，十余日方消，荔枝、龙眼、橄榄等树十伤八九""陆川大雪，厚二尺许""容县大雪，平地深尺许，河鱼冻死，树木尽枯"，沿海地区"钦州大雪，平地如敷棉花，檐瓦如挂玻璃，寒气刺骨，牛羊冻死无数""合浦大雪，垂檐如玻璃，水面结冰，厚寸许"。1893年1月18日，北海市曾记录到0℃的最低气温，寒冷情况可见一斑。1934年11月，广西省政府气象所成立，气象要素资料逐渐丰富起来。

从平均气温演变来看，广西地处中亚、南亚热带，各地年平均气温16.7～23.2℃。涠洲岛最高，为23.2℃；乐业、资源最低，为16.7℃。1884年以来，广西平均气温经历了偏冷、偏暖、偏冷、偏暖四个时期。其中1884—1936年是主要偏冷期；1937—1954年是主要偏暖期，最暖集中在20世纪40年代；1955—1985年是相对偏冷期；1986年至今又是一个偏暖期。

广西是全国年降水量最丰富地区之一，各地降水量在1000毫米以上，存在东多西少，丘陵山区多、河谷平原少的特点。在这100多年间，广西的降水量有明显的变化：20世纪20年代和40年代降水量较多，偏多90毫米以上，20世纪60年代和80年代较少，偏少78～94毫米。

桂林兴坪漓江远眺　摄影：韦坚

希望的田野 摄影：阮海

壮美广西 气候天成

曾涛 韩嘉乐 徐圣璇

　　气候润物山清水秀，壮美广西气象万千。广西壮族自治区位于祖国南疆，地处中亚、南亚热带，属亚热带和热带季风气候。南北之间的纬度差异和东西之间的经度差异，使得广西气候的地域差异明显。北部夏热冬冷，四季分明；南部夏长冬短或全年无冬；东部降水量和雨日均比西部多。西北高、东南低的地形对气温、降水量和日照等要素都有明显的影响。从地理环境来看，广西有三分之一以上的地区在北回归线以南，这些地区每年夏至前后有两次太阳经过天顶——即我们头顶正上方的天球点，是整个天空区域的中心，获得的太阳总辐射量也较多。

　　从大气环流来分析，广西地处东亚大陆南部的低纬地区，既受低纬大气环流的影响，又受中、高纬大气环流的支配。广西处于多种季风环流影响的过渡地带。冬季既有来自西伯利亚的寒冷而干燥的东北季风，桂西又常受源于南亚次大陆的干热气团的影响；夏季既受印度季风（西南季风）的影响，又受东南季风和南海夏季风的影响。可见，广西气候受季风的影响很大，也很复杂，一旦季风进退失常，就会出现异常的气候事件。因此，广西气候具有四方面的特点：一是气候温暖，热量丰富。广西年平均气温较高，全区年平均气温达 20.7℃，但区域和年较差大，7 月平均气温比 1 月平均气温高 16.6℃。历史极端最高气温 42.5℃（百色，1958 年），极端最低气温 −8.4℃（资源，1963 年）。二是日照适中，冬短夏长。广西平均年日照时数 1519 小时，比湘、黔、川等省偏多，比云南偏少，与广东相当。日照时数夏季最多，冬季最少，夏季日照时数是冬季的 2 倍。三是雨量充沛，时空不均，易涝易旱。广西平均年降水量 1542.5 毫米，但年际变化大，最多年（1994 年，2044.0 毫米）是最少年（1963 年，1151.8 毫米）的 1.8 倍。汛期（4—9 月）降水量 1197.8 毫米，占全年降水量的 78%。四是气象灾害频发，危害严重。广西主要气象灾害有暴雨洪涝、干旱、台风、冰雹、大风、雷电、低温冷冻害等，种类多、分布广、发生频繁、危害严重。

暴雨洪涝是广西最主要的气象灾害。持续时间长、强度大的暴雨往往是造成洪涝灾害的主要原因。广西暴雨洪涝的主要特点是：季节性明显，暴雨日数多且暴雨强度大，洪涝频率高。2005年，强降雨致西江发生特大洪水；2006年6月8日，特大暴雨袭击梧州，引发大范围山体滑坡。台风灾害也给广西造成很大的威胁。年均有5个台风影响广西，2001年，台风"榴莲"和"尤特"导致出现洪涝；2013年，8个台风影响广西；2014年7月超强台风"威马逊"重创广西。危害广西的旱灾主要是春旱和秋旱，有时会发生更加严重的连旱。2009年8月至2010年4月，广西甚至出现了夏秋冬春连旱。低温冻害在广西也时有发生。每年春季，南下影响广西的冷空气常与北上的暖湿气流交绥，易导致低温雨雪天气，如2008年就曾发生历史罕见的低温雨雪冰冻灾害。广西还是全国雷暴日数最多的省区之一，尤其是在4—9月，频繁的雷暴会给建筑物、供电设施、电子电器设施及人畜的生命安全造成极大的危害。

广西既是气象灾害频繁之地，也是气候资源优越之区。广西的光、温、水资源优势得天独厚，又是一个农业比重较大的地区，甘蔗、桑蚕、木薯产业居全国首位，优质稻、热带水果、蔬菜、食用菌、中药材等产业居全国前列。在广西，开发利用光、热、水资源，加快发展现代农业，具有重要意义。

在新能源发展领域，广西也有很大的气候优势。广西的风功率密度大于每平方米300瓦的技术可开发量为692万千瓦，可开发面积约2151平方千米。桂东北、桂中、桂南是三个主要的风能资源丰富带。广西太阳能资源总储量为287万亿千瓦，相当于每年获得353.06亿吨标准煤。科学认识区域气候规律，趋利避害，以气候承载力为基础，合理开发利用气候资源，广西大有可为。

目前，广西通过加大气象现代化建设，气象服务能力已大为提升：建成了立体化、自动化的综合气象观测系统，建成新一代多普勒天气雷达、L波段探空雷达、国家地面气象观测站、区域气象观测站、海洋气象观测站、雷电监测站及气象卫星省级地面接收站等。建立精细化、无缝隙、智能型的预报预警业务体系，建成了广西气象监测预报中心、智能预报预警业务系统等。建立了较完善的、智慧型的公共气象服务体系，建成了自治区、市、县三级突发事件预警信息发布中心，通过手机短信、电话、传真、微信、微博、网站、大喇叭、显示屏、电视台、手机客户端等十多种渠道开展气象服务。气象预警大喇叭覆盖了90%的行政村，直通式气象服务直达现代特色农业示范区，开展了橘类、芒果、火龙果等广西特色农产品气候品质论证，打造了广西的中国气候好产品、中国气候宜居城市（县）等系列品牌。多举措开展人工影响天气作业。

古诗词里的八桂气象

曾涛

"苍苍森八桂，兹地在湘南"（唐代韩愈《送桂州严大夫同用南字》），历代文人常以八桂咏喻广西。八桂原指八株桂树，八树成林，言其繁茂。唐代著名文学家韩愈的上述诗句道出了广西地处华南的地理位置和植被茂密的生态环境。这里地处亚热带，雨量充沛，植物四季生长、绿意盎然。这里有着典型的喀斯特地貌，山青、水秀、洞奇、石美，自然环境十分优美。这里沿海沿边，历史悠久，文化多样，壮、汉、瑶、苗、侗等多民族和谐相处、繁衍生息，孕育了绚丽多姿的民族文化。历代诗人在此写下了卷帙浩繁的诗篇，且让我们翻阅这些传世佳句，探寻这方土地的气象万千。

广西气候炎热，多雨潮湿，地理上远离中原，又有五岭山脉等阻隔，交通险峻，生产条件相对落后，因而在古代被中原人士视为畏途恶地。当时，很多中原人士没来过广西，对其了解多是道听途说，难免有不实传言。因此，广西的面貌在一些古代文人的笔下走了样。元代陈孚在《邕州》一诗中写道："左江南下一千里，中有交州堕鸢水。右江西绕特磨来，鳄鱼夜吼声如雷……蝮蛇挂屋晚风急，热雾如汤溅衣湿。万人冢上蛋子眠，三公亭下鲛人泣。"明代潘恩写道："百越炎蒸地，千山虎豹群。虚明涵洞月，狼藉散溪云。"（《昭州道中二首》）明代郭正域写道："狒狒逢人笑，猩猩尽日啼。瘴烟迷癸水，怪雨涨南溪。"（《送何仪部谪广西》）老鹰坠水、鳄鱼夜吼、蝮蛇挂屋，到处都弥漫着烟瘴毒雾，遍地都是猛兽狰狞……这些诗篇里描写的广西仿佛是人间炼狱。

鬼门关，是神话传说中阴阳交界的关隘。而在现实中，广西北流市城西一

柳宗元像

道双峰对峙的关口就曾被称为"鬼门关"，据传这里闷热潮湿、瘴气滋生，蚊虫鼠蚁繁多，夜里常被一团白雾笼罩，鸦雀悲鸣，让途经此地的人们徒增几分凉意。唐代宰相杨炎被贬官途经此地时，慨叹："一去一万里，千之千不还。崖州在何处？生度鬼门关。"（《流崖州至鬼门关作》）唐代沈佺期在《入鬼门关》中写道："昔传瘴江路，今到鬼门关。土地无人老，流移几客还。"悲凉之意透纸而来。

随着广西与中原的交往逐渐增多，人们对广西的了解也逐步加深了。尤其是一些文人来到广西生活后，让大家对广西的印象大为改观，唐代诗人柳宗元、李商隐的经历就很具有代表性。柳宗元被贬到广西柳州前有诗云："射工巧伺游人影，飓母偏惊旅客船"（《岭南江行》），说的是潜藏在水中的名叫射工的蜮虫会伺机以毒气攻击人致死；还有飓母会呼啸而至，飞沙走石，船翻房倒。柳宗元战战兢兢来到广西后，不但没有看到传说中的蜮虫和飓母，反而发现柳州山川秀丽，风景宜人。心情变得开朗的柳宗元在此倡文教、办学堂，并带领人们修城墙、疏河道、掘井取水、栽柑种柳，被老百姓亲切地称为"柳柳州"。柳宗元也赋诗自娱"柳州柳刺史，种柳柳江边"（《种柳戏题》），诗中充满阳光积极的心态和美好的希冀。柳宗元还很喜欢柳州的罗池，曾许愿"馆我于罗池"，如今，罗池旁仍留有其衣冠墓和祭庙。韩愈曾作《柳州罗池庙碑》以祭好友柳宗元。多年后，北宋苏轼又到此作祭并刻碑，石碑因祭歌的首句为"荔子丹兮蕉黄"而被称作"荔子碑"。此碑集柳事、韩诗、苏书于一体，被誉为"三绝碑"，留下一段文坛佳话。

同样，李商隐对广西的认识也有一个逐渐深入和改变看法的过程。他以前认为广西"虎当官道斗，猿上驿楼啼。绳烂金沙井，松干乳洞梯"，然而，他来到桂林后就很快为当地自然风光所折服。在广西一年多，其创作的诗文逾百首（篇）之多。李商隐在《桂林路中作》一诗中写道："地暖无秋色，江晴有暮晖。空徐蝉嘒嘒，犹向客依依。村小犬相护，沙平僧独归。欲成西北望，又见鹧鸪飞。"该诗以清新质朴的笔触，勾画出了一幅恬静淳朴的山村画卷，也抒写了诗人心境的恬淡与悠然。李商隐在《桂林》中写道："城窄山将压，江宽地共浮。东南通绝域，西北有高楼。"诗中反映出桂林其时已是繁荣的南方都会的史实。又作《晚晴》一诗："深居俯夹城，春去夏犹清。天意怜幽草，人间重晚晴。并添高阁迥，微注小窗明。越鸟巢干后，归飞体更轻。"此诗比其在长安所写的"夕阳无限好，只是近黄昏"多了一份豁达和温暖。

广西之气候，温暖宜人，光照充足。从北方来的诗人们对此充满了新鲜感，亚热带的阳光也慰藉了他们的心灵。唐代诗人杜甫说："五岭皆炎然，宜人独桂林，梅花万里外，雪片一冬深。"（《寄杨五桂州谭》）白居易也说："桂林无瘴气，柏署有清风。"（《送严大夫赴桂州》）唐衮诗云："过秋天更暖，边海日长阴。"（《逢南中使寄岭外故人》）刘长卿在《送裴二十七端公使岭南》中写道："桂林无落叶，梅岭自花开。"他们认为广西并不炎热，也无瘴气，而是四季常春，一派生机勃勃。

广西之景致，山水奇特，风光秀美。桂林作为古时进入广西的必经之地，得到了诗人们的万千吟咏。"江作青罗带，山如碧玉簪"（《送桂州严大夫》），韩愈这一称赞漓江的佳句让人耳熟能详。宋代黄庭坚的《到桂林》云："桂岭环城如雁荡，平地苍玉忽嶒峨。李成不在郭熙死，奈此百嶂千峰何。"感叹江山如画，画图难足。"浅水清涵石，攒峰乱刺天"（元代傅若金《桂林》），"桂岭花光纷似雪，荔江波色绿如苔"（宋代张镇《送向综通判桂州》），"江

朱稍孝友神受章诗
卒于贬所累赠太师

黄山谷

黄庭坚像

到兴安水最清，青山簇簇水中生。分明看见青山顶，船到青山顶上行"（清代袁枚《由桂林溯漓江到兴安》），以上诗作各有意境。当然，最为有名的诗句当属"桂林山水甲天下，玉碧罗青意可参"（南宋王正功《鹿鸣宴劝驾诗》），诗人的这一句赞叹，让"桂林山水甲天下"的美名传遍全世界。广西的山水之美，远非桂林一地。明代姚镆咏南宁："频年行部过邕州，眼底天光次第收。林邑峰高云半湿，昆仑道险路偏稠。三春野外鸣耕犊，十里江干系客舟。况是圣明文化阔，弦歌几处月当楼。"（《过邕纪行》）明代汤显祖在游览涠洲岛时有"薄暮游空影，浮生出太荒"的奇幻感觉。"岭树重遮千里目，江流曲似九回肠"（《登柳州城楼寄漳汀封来四州》），这是柳宗元登上柳州城楼的赞美。在明代徐霞客穷其毕生之巨作《徐霞客游记》中，记述广西见闻的就占了三分之一的篇幅，徐霞客用了整整一年的时间游历广西，其眼中的喀斯特地貌，有的"千峰万岫，攒簇无余隙"，有的"愈离立献奇，联翩角胜矣"，还有的"石山点点，青若缀螺"。

广西之物产，天赋其美，丰饶独特。"户多输翠羽，家自种黄甘"（韩愈《送桂州严大夫》），"有地多生桂，无时不养蚕"（唐代张籍《送人之临桂》），这些诗句描写的广西是一片生息繁荣的文明之乡。唐代李频写道："君住桂林下，日伐桂林炊。"（《赠桂林友人》）桂林人竟将名贵的桂树伐作烧饭的柴薪，真值得艳羡。广西合浦出产的珍珠质地上乘，正如"瑞彩含辉水一弯"（明代赵瑶《还珠亭》）。广西盛产的各类热带水果也频频入诗。苏轼眼中的广西龙眼是"累累似桃李，一一流膏乳。坐疑星陨空，又恐珠还浦"（《廉州龙眼质味殊绝可敌荔支》），龙眼果晶莹乳润，累累结实如芬芳的桃李；又如同天上陨落的星星和合浦的珍珠。这里的柑橙，"密林耀朱绿，晚岁有馀芳"（唐代柳宗元《南中荣橘柚》）；这里的沙田柚，"黄团甘似橘，绿暖大于橙"（清代龙启瑞诗）；这里的荔枝，"露湿胭脂拂眼明，红袍千裹画难成"（五代十国南汉梁嵩《赋荔枝诗》）。

广西之风土，风情浓郁，民风淳朴。柳宗元看到的圩集别有风味——"青箬裹盐归峒客，绿荷包饭趁虚（同圩）人"（《峒氓》）。清代赵翼眼中的壮家歌虚是"谁家年少来唱歌，不必与侬是中表。但看郎面似桃花，郎唱侬酬歌不了"（《土歌》）。清代许朝描写的苗寨是"深山苗族半居楼，楼上群峰翠欲浮"（《夷歌六首》）。而侗乡风情则是"阳春收罢邀同伴，吹彻芦笙坐鼓楼"。

韩愈像

11

气象谚语里的古老智慧

廖雪萍 曾涛

耕 摄影：李斌喜

广西壮族自治区是多民族聚居之地，民间文化艺术绚丽多彩，源远流长。受气候、文化等因素影响，广西气象谚语历史悠久、丰富多彩。2016年，广西壮族自治区气象局和气象学会收集汇编了广西各地气象谚语1000多条，并精选编撰成《广西气象谚语精选100条》。这些气象谚语诵读起来对仗合韵、朗朗上口，文字通俗易懂，并且科学实用，凝结了广大劳动人民的智慧，确实是一种珍贵的科学文化遗产。

关于风的谚语

　　气象谚语中多以风向来判断天气。"东风雨，西风晴，南转北风雨不停"，说的是春季吹东风，表明广西受入海高压影响，水汽输送丰沛，容易下雨，吹西风则表明广西受西路南下冷高压控制，天气常晴。当风向由南转北时，说明冷空气已影响本地，雨天会持续一段时间。"昼西夜东，晒死虾公"是来自广西沿海地区的谚语，指的是秋冬季节，沿海地区若时常白天吹偏西风，表明受西路南下冷高压控制，盛行下沉气流，当气压梯度很小时，夜间易吹东风，无法成云致雨，预示着未来天气晴朗、日照强烈。"南风刮到底，北风来还礼"指冬春季一旦久吹南风，预示将有强冷空气来袭，要迅速回转北风了。

　　有些谚语专门说东风。比如"春东风，雨祖宗""东北风，雨太公""东风急，备斗笠""东风吹，云打架，必有大雨下"等，是指在冬、春季，表明有冷空气从东路南下，与南方较暖湿气流相遇，易成云致雨。人们戏称冷暖气流"云打架"，需要"备斗笠"防雨，东风也被称为"雨太公"和"雨祖宗"了。"一日东风三日雨，三日东风无米煮"指的是夏季，当广西处于热带气旋前缘吹东风时，将转为降雨天气，且如果东风连吹三日而不歇，常会出现连续的风雨天气，致使稻谷无法晒干或造成歉收，所以"无米煮"。"雨后生东风，未来雨更凶"说的是冬、春季，当雨后出现东风时，说明北方还有弱冷空气经过东部海面补充影响本地，使得锋面再度活跃，预示未来雨会下得更大。

　　也有说南风的谚语。比如"二月南风晴，八月南风雨""秋发南，水成潭""南风猛过头，坑沟无水流"等，是指春夏季节吹南风说明没有冷空气或者地面受暖气团控制，预示着未来天晴，从而"坑沟无水流"，而秋季吹南风表明将有南面降雨天气系统带来降雨，易出现"水成潭"的现象。"一日南风三日报，三日南风狗钻灶"则是指冬、春季，偏北气流占主导地位，当北风较弱时，南方的暖空气就趁隙而入，连吹两三天南风后，预示北方将有新的更强的冷空气南下，温度会急剧下降，连狗也会钻灶取暖。

还有说北风的谚语。"春天北风头，冬天北风尾""二月北风雨，八月北风晴"说的是春天出现北风（北方来的冷空气）的时候，它会与暖湿气流交汇形成降雨；夏季吹北风，表明广西受西高东低气压形势控制盛行下沉气流，难以成云致雨，一般多高温干热天气；冬天北风加大的时候，说明冷空气补充加强，本地受强冷高压控制，空气干冷下沉，降雨结束。"北风吹过午，台风跟屁股"指当沿海地区在台风季节吹了一段时间北风后，台风会自东向西移动从而逐渐靠近。"久晴北风雨，久雨北风晴"是指连续晴天后起北风，说明有冷空气南下，将转雨。而连续降雨多日后起北风，说明有新的强冷空气补充来到，未来受冷高压控制，雨天结束。

关于云、雾的谚语

人们常以云的形状、出现时间、方位、颜色等来预测天气，并将其编成谚语。"天上鲤鱼斑，晒谷不用翻"，即当天上的云朵像"鲤鱼斑"（透光高积云）时，表明受高气压控制，未来将是大晴天，日照充足。"瓦块云，晒死人""馒头云，挂天边，整天无雨日头煎"指天空中的云朵像瓦片状排列或似馒头的云朵（淡积云）飘游时，都预示着近期是晴热高温天气。"天上云赶羊，有雨也不强"，天上的云朵像被赶的羊群到处乱跑，表明高空风力大、云移动快，空气对流运动不强，所以即使降雨也不大。

"天上钩钩云，地下雨淋淋""天上铁砧云，地下雨淋淋""天上云像梨，地下雨淋泥""天上豆荚云，不久雨将淋""悬球云，大雨淋"，这些谚语说的是当天空中出现钩卷云，或者有云底发黑、云顶白亮、形似铁砧板的云，或者出现云块下垂，形状像一个个梨一样排列的云，或者有云体扁平、形如豆荚的云（荚状层积云、荚状高积云），又或者出现底部有球体状下垂突出、像悬挂了许多球体的云等情况，都将会出现降雨。

"天有城堡云，地上雷雨临""天空鬼头云，雷声响不停"，指的是天空出现像城堡状的云时，或者出现云体庞大、形状怪异，给人乌云压顶之感的"鬼头云"（广西沿海地区的叫法）时，不仅会形成强降水，同时还伴有电闪雷鸣。

还有通过云出现的时间来判断天气的谚语。比如"早云似山高，当天雨滔滔""早上云如山，大雨下满湾"，说的是早上出现高山般耸立的浓积云，说明上升气流剧烈，随着中午和下午气温升高，低层暖湿空气大量向上输送，对流运动强烈，浓积云会很快发展为积雨云，当天往往出现大雨。"早晨浮云走，午后晒死狗"，说的是早上天空的云轻薄飘浮，表明大气中水汽含量少，对流运动弱，日照强烈，天气将十分炎热。"黄昏起云半夜开，半夜起云明朝雨"，说的是傍晚生成发展起来的云往往是局地热对流产生的云，夜间大气层趋于稳定，对流发展不起来，半夜云层就消散了，第二天依然是晴天。如果到了半夜天空才起云，表明有系统性降雨云系移来，下雨的可能性大。

人们通过观察云出现的不同方位，也能预测天气。"乌云集西，大雨凄凄""西风卷乌云，无事莫出门"，说的是如果西边的乌云堆集，随西风东移，表示有降雨天气系统发展，常会出现风雨交加的天气。"西北恶云长，冰雹在后响"说的是当西北方向出现浓积云并发展为积雨云，且云体迅速膨大，颜色变黑、形状怪异，往往是午后下冰雹的征兆。"四面有云中间空，有雨也不凶"，说的是天空的四周都有云，但头顶正上方的云很少或无云，说明降水系统并没有很好地发生发展，即使下雨也不大。

还有观察云的颜色来判断天气的谚语。"红云日出升，劝君莫远行""红云变黑云，易有大雨淋"，说的是日出时，光照斜射，如果云的颜色泛红，表明大气中水汽充足，有降雨云系将要移来。而红云过后黑云到，表明强烈发展的降雨系统已逼近本地，将出现大雨天气。"暴热黑云起，雹子要落地"说的是天气酷热时黑云像浓烟翻滚而起，表明空气对流运动旺盛，容易生成冰雹。"乌头风，白头雨"，即云顶乌黑的云预兆刮风，云顶白亮的云预兆下雨。前者为浓积云，后者为积雨云，积雨云是浓积云进一步发展加强的结果，对流更强，更易下雨。

此外，还有说雾的谚语。"早雾晴，迟雾阴，傍晚来雾雨淋淋""早上有雾，晒谷莫误"，指的是早上起雾，多由夜间天晴，空气辐射冷却造成，表明天晴

斗笠云

官晒谷；识雾往往是平流雾，多出现在阴天；傍晚后起雾，是暖湿空气流经冷的地面时形成的，预示天气将转雨。"久晴大雾雨，久雨大雾晴"，是指连续多日晴天，如果出现了大雾，表明有暖湿空气流入，雨天即将到来；连续多日下雨，如果出现大雾，表明夜间辐射冷却而形成了雾，预示将转晴。

关于天空景象的谚语

"朝霞不出门，晚霞行千里""晚霞红，明日晒死老蚁工"，说的是早晨西面出现红霞，表明西面大气水汽充足，降雨系统将从西部移来，天将转雨，不宜远行；傍晚东面出现红霞，降雨系统将随西风东去，天气晴好。"久雨红霞天将晴，久晴黄霞天将雨"，连日降雨出现红色云霞时，表明云层变薄，降雨趋于结束，转为晴天，而连日晴天出现黄色云霞时，表明空中水汽明显增加，容易转为雨天。

"早虹雨，晚虹晴""早虹雨滴滴，晚虹晒破皮""东虹日头西虹雨"，说的是早晨西边出现彩虹，表明西边空气中的水汽充足，降雨系统将东移影响，当天就会下雨；傍晚东边出现彩虹，表示本地不再受降雨系统影响，第二天将是晴天。"久晴出虹明日雨，久雨出虹明日晴"是指长时间晴天之后，天空出现彩虹，表明空气中水汽增多，预示冷空气将到达本地，将与暖湿空气交汇后形成降雨，而长时间下雨之后看到彩虹，说明冷空气移出了本地，预示着天气要转晴。

"日出太阳黄，午后风雨狂"，日出呈暗黄色，说明天空中已有大量水汽，预示将出现阵雨天气，并伴有短时雷电大风。"日落为黄，大雨满塘""天发黄，大雨打崩塘"，日落时天色发黄，表明天气不稳定，水汽充足，云体发展旺盛，预示着会下大雨。"日落胭脂红，不雨就是风""日落反照红，明天日头空""太阳下山天变黄，明天大雨定猖狂""日落西山一点红，半夜起来搭雨篷"，说的是日落时天色变成胭脂红或黄色，这是阳光透过大气中丰富的水汽之后散射形成的，这表明空气中所含的尘埃和水滴多，预示未来会出现大雨天气。"日落西南红，明早白霜浓""日落天边黄，明早必有霜"，指的是在冬季太阳下山时，远处天空呈现黄色，说明尘埃主要出现在低层，大气比较稳定，预示夜间天气晴好，地面辐射冷却强烈，容易在早晨形成霜冻。"太阳生毛，大雨滔滔"说的是透过云层看太阳，太阳好像长了毛一样，说明大气中水汽充沛，容易下大雨。

"日晕三更雨，月晕午时风"，这里的"晕"是日光或月光穿过卷层云时，受到冰晶的折射或反射形成的内红外紫的光环。在太阳周围出现的叫日晕，在月亮周围出现的叫月晕。当在太阳或月亮外围出现了晕，表明将受到低压系统影响，往往会出现风雨天气。"大华晴，小华雨"，也就是月亮"生毛"的现象，气象学上叫"华"。华和晕同是由于日光或月光通过云层而形成的，但华的光环比晕小得多。因日华不易看清，此处指的是月华。如果华环在增大，说明云中水滴在分散减少，天将转晴；相反，如果华环在变小，说明云中水滴在增大，天气将逐渐转坏。

"星星眨眼，大雨不远"，说的是当夏天夜晚天空星光闪烁不定时，表明天空水汽很充足，风雨快要来临。"星星稠，漫街流；星星稀，晒死鸡""星密星动，有雨有风"，说的是有时候夏天夜晚出现星星模糊不清、感觉很稠密的现象，这是由于空气中水汽多造成的，预示着风雨即将来临；相反，空气中水汽少，星星显得稀疏，表明天气稳定，第二天是晴天。

关于雨、雷电、寒暖的谚语

"有雨山戴帽，无雨云拦腰""有雨山戴帽，无雨河起罩"，指的是当空气中的水汽多时，云层较厚，遮盖山顶，天将转雨；拦腰的云和水面上的薄雾常因夜间辐射冷却形成，云层不厚易消散，所以无雨。"有雨天边亮，无雨顶天光"，说的是下雨的时候，如果地平线上方向较为明亮，预示降雨会持续，原因是上升的气流把地面的尘埃吹向上空，导致垂直方向的能见度较差。反之，如果地平线方向灰暗，垂直方向更为明亮，预示天将转晴。"早雨去挑柴，迟雨打草鞋"，清晨下雨往往是局地性、小范围的，一般不会下很久，但如果午后才开始下雨，表明空气对流运动强烈，云层发展旺盛，下雨时间会长一些。这种情况多出现在夏季。

"春天孩儿面，一天变三变"，春季是大气环流的转换季节，冷、暖空气势力相当，互有进退，交替影响，一天中可能交替出现或晴或雨、或暖或冷等多种天气过程，好似小孩儿易哭易笑一样多变。"日暖夜寒，塘库也干""日暖夜寒，东海也干"，秋季连续多日白天晴热、夜里凉爽，昼夜温差大，空气湿度小，这使得降雨天气系统难以发展，预示将有较为严重的干旱现象。

"雷公先唱歌，有雨也不多""先雷后刮风，有雨也不凶"，先听到雷声再下雨，雨不会下得太大，这是大气中的局地对流产生的热雷雨，降雨云团小，能量不足，所以降雨持续时间短，雨量小，一般多出现在夏季。"雷打中，一场空；雷打边，水连天"，雷在头顶上方打响，说明雷雨云将移出本地，雨很快将会停了；而雷在天边打响，表明降雨系统已逼近本地，降雨时间长，雨量大。"南雷雨不大，北雷雨倾盆"，冷空气前锋产生的雷雨系统，往往由北向南移动，听到北边有雷声，表明雷雨系统将南移影响本地，产生倾盆大雨；

听到南边有雷声，表明降雨系统已经南移过境，预示降雨将要结束。"久晴响雷必大雨，久雨响雷天快晴"，长时间晴天之后听到雷声，说明大气中积累了大量能量，形势不稳定，当冷空气临近时，就容易形成强烈对流天气，这时如果听到雷声，预示将产生雷阵雨。而如果已经下了很久的雨，这时听到雷声，表明有新的冷空气补充南下，将使降雨区南移出本地，天气转晴。"春雷早，雨水好"，春雷比常年来得早，表示今春暖湿空气比较活跃，容易产生较多的雨水。"东闪闪，西闪闪，没水来洗脸""东闪闪，西闪闪，下雨一点点"，夏季常见天边有东闪、西闪的片状闪电，表明闪电离本地远且是局地性的热对流产生的积雨云，即使过来，雨也不大，甚至无雨。

关于物象的谚语

通过观察物象来预测天气也是谚语中常见的。比如"猪衔草，寒潮到"，猪对寒冷比较敏感，能感知寒潮的到来，做出衔草做窝防寒的本能反应。

又如在感知下雨方面，有"蚂蚁搬家，雨落沙沙""蚯蚓路上爬，雨水乱如麻"等，蚂蚁喜欢在干湿适宜的环境里生活，蚯蚓喜穴居于低湿疏松的泥土里，如果看到蚂蚁搬家，蚯蚓出土活动，表明空气中水汽多，气压低，这是将要下雨的征兆。"今晚蚊子恶，明日有雨落""花蝇咬人痛，不雨也有风"，蚊子、花蝇凶恶、频频咬人，表明天气闷热，空气湿度大，预示天将转雨。"燕子低飞要下雨"，降雨之前，气压低、湿度大，昆虫纷飞外出，燕子只有低飞才能捕食昆虫。"水缸出汗蛤蟆叫，不久将有大雨到""缸穿裙，大雨淋"，雨前，空气湿度持续增大，空气中的水汽很容易在冷的物体表面如水缸外壁上凝结，像冒汗一样；同时，蛤蟆敏感的皮肤也会感知到空气湿度增大，气压低难受，叫声频频，预示天气将转雨。"河里泛青苔，必有大雨来"，青苔是一种水生植物，生长在水底淤泥上。当天气转坏时，温度升高，水底淤泥中的腐烂物发酵，加之气压很低，促使水中气体排出，把附在污泥上的青苔抬上水面，预示将有大雨来临。

"久晴蛙叫雨，久雨蛙叫晴"，这是因为青蛙对空气湿度变化比较敏感。"蚂蟥沉水天气晴，蚂蟥浮水天下雨"，说的是天晴时气压高，蚂蟥在水中感觉很舒服，故沉在水底休息；天将要转雨时，气压低，水中缺氧，蚂蟥多在水面浮游。"蜻蜓高，晒得焦；蜻蜓低，一摊泥"，下雨前，低气压使昆虫处在距离地面较近的地方活动，蜻蜓要吃到食物，必须低飞，反之，蜻蜓则会高飞，预示着天气晴好。"鸠唤雨，雀唤晴"，空气潮湿、天气闷热时，斑鸠会难受得乱叫，预示有雨。麻雀常被叫作"晴雨鸟"，如果晨曦初露，它们成群地欢快唱歌，那是在告诉人们，今天天气晴朗。

《徐霞客游记》是我国古代文学、地理学名著。这部巨著全书 60 余万字，其中记述游历广西的篇幅占了三分之一。《徐霞客游记》作者徐弘祖（1587—1641 年），字振之，号霞客，江阴（今江苏江阴）人，明代伟大的旅行家、地理学家。他一生未当过官，以游历、考察天下名山大川为最大志趣，从 22 岁开始出游，30 多年间，足迹踏遍我国华东、华北、中南、华南、西南 16 个省份，《徐霞客游记》就是其倾尽毕生心血的精华之作。

1637 年农历闰四月初，徐霞客由湖南入广西，1638 年农历三月底，从南丹县入贵州。徐霞客在广西游历了将近一年，走遍了广西大部分地区。现在就让我们跟着徐霞客的足迹去了解当时的广西。

广西的山水美景给徐霞客留下了深刻的印象。"山耸秀夹立""悬峡飞瀑宛转而下，修竹回岩掩映""已而望忽竹浪中出一大石如台，乃梯跻其上，则群山历历"，奇山秀水，修林茂竹，徐霞客在《徐霞客游记》中详细记述了广西的壮丽风光。桂林的七星岩、叠彩山、象鼻山、独秀峰，柳州的罗池、马鞍山、鹅山，"青罗带"似的漓水，"曲似龙回肠"的柳江，莫不一一形诸笔端。

徐霞客是第一个系统地考察研究广西岩溶地貌的学者，他写峰峦曰"嵯峨层叠，中空外耸，上若鹊桥

跟着徐霞客游广西

曾涛

徐霞客像

悬空"，写奇石则曰"石片片悬缀，侧者透峡，平者架桥，无不嵌空玲珑"，写岩洞则曰"高穹广衍，无奥隔之窍，而顶石平覆，若施幔布幄"，写倒挂的石笋则曰"悬石下垂，水滴其端，若骊珠焉"。通过细致的观察分析，他对岩洞、石钟乳、伏流、落水洞、漏斗洼地等的成因都做出了解释，对广西的地貌特征则以"粤西之山，有纯石者，有间石者，各自分行独挺，不相混杂……粤山惟石，故多穿穴之流，而水悉澄清"来概括。《徐霞客游记》通过详细的考察和分析判断，对广西的地形地貌之成因得出了接近现代科学的结论。

从现代气象科学来分析，岩溶地貌与气候因素密切相关，主要体现在水蚀、酸蚀和风化三个方面。广西地处低纬，濒临海洋，常有冷空气和海上来的暖湿气流在这一带交汇，降雨丰沛，年平均降雨量 1100～1200 毫米。丰富的地表水和地下水通过水蚀作用加速了水土流失，促进了岩溶地区石漠化。广西的岩溶区主要是碳酸盐岩，能够溶于酸的物质一般都大于 75%，在岩溶区较为频繁出现的酸雨使土壤中成土母质极度稀缺，成土过程十分缓慢。广西科学院研究指出，石山地区 20 厘米厚的土壤大约需经历 7.5 万年才能形成。此外，岩溶区的岩石表面受日照、水分蒸发、风吹等因素的影响，风化作用的速率也会改变。据广西壮族自治区气候中心提供的资料表明，徐霞客所处的明清时期气温偏低，处于冷期。近百年来，气温偏高，处于暖期。而气温上升、风速加大，蒸发量就会加大，对岩石的风化起到促进作用。

广西地处亚热带，气候高温多雨，地表河流纵横。这种气候环境很适合水稻的生长，大米也是广西的主食。从《徐霞客游记》中，经常可见稻田景象和插秧习俗。如在全州，"月色当空，见平畴绕麓，稻畦溢水，致其幽旷"。有些地方因盛产大米，竟然用大米来喂畜禽。如上林三里，"鸡豚俱食米饭，其肥异常"。同时，在广西山间的旱地也可种植小麦，人们用其做成馒头、饼子等，有"肉馒以韭为和""市多鬻面"等记载。

《徐霞客游记》中常见有鸡、猪、鸭、狗肉等，如"晨餐俱以鸡肉和食""土司以宰猪一味献客为敬""鸭大者四斤而方""市犬肉，极肥白"等。另外，由于广西河流遍布，鱼类也常见于记载，如鲢鱼、鲫鱼、鲤鱼等。《徐霞客游记》中还记载了一些地方喜食生鱼的习俗，"乃取巨鱼切为脍，置大碗中，以葱及姜丝与盐醋拌而食之，以为至味"。除肉食外，蛋类也是当时广西百姓餐桌上的常见食品，徐霞客在广西很多地方都受到"炊饭煮蛋"的热情招待。

广西高温多雨，易于蔬菜、水果的生长。《徐霞客游记》中记载较多的广西蔬菜是竹笋，如"适有土人取笋归古鼎""辄以村醪、山笋为供"等。还有芽菜、鲜姜、茭白、冬瓜、菌类等记载。广西亚热带水果丰富，质量上乘，有香蕉、柑橘、荔枝、龙眼、柚子、槟榔等，如"见有卖蕉者，不及觅饭，即买蕉十余枚啖之""其柑如香橼……瓤与皮俱甘香"等。其中有"参一出所储酝酒醉客，佐以黄蕉、丹柚"，说的是喝酒的佐食为黄蕉和丹柚，这足以令外地人啧啧称奇了。

明朝广西服饰和民居有着鲜明的地域性和民族性。在服饰上，《徐霞客游记》载"男子着木屐""妇人则无不跣（打赤脚）者"，这是对炎热生态环境的一种适应。明末，广西不少民族有居住干栏的习俗，如隆安壮族"俱架竹为栏，下畜牛豕，上爨与卧处之所托焉"。干栏广泛分布于广西西北部，与地理环境、气候条件有关系。当地炎热潮湿，人居楼上，可以避暑防潮，而且能够有效防御毒蛇和虫兽袭击。将家畜、家禽圈养于楼下，则方便照料。

跟着徐霞客游广西，让我们对于《徐霞客游记》的历史价值有了更深的认识，它对于广西的大量记载，内容丰富，内涵深厚，给后人留下了极为珍贵的精神财富，时至今日仍闪耀着夺目光辉。

金色渔歌 摄影：阮海

民族瑰宝 壮乡神画

唐昌秀 何永成

"青山环碧水，岩画悬峭壁"。在广西壮族自治区崇左市左江流域的明江东岸，距离宁明县城25千米处，有一座峰峦绵延的断崖山。此山临江西壁断裂，整个壁面向江边倾斜，在陡峭的壁面上分布着1900多个大小不等、栩栩如生的赭红色人物和动物，道路交错，铜鼓、刀、剑、钟、船等器械图形无一不备，这便是花山岩画。

花山岩画是壮族先民骆越人创造出的一系列由岩画、山崖、河流、台地等要素共同构成的文化景观，是迄今发现的世界最大岩画群之一。虽然画面上只有一种颜色，人物也仅仅是用线条勾勒出大致的轮廓，但浩大的场面形成了奔放、豪迈的气氛。仰视岩画，一幅壮丽的画卷展现眼前：铜鼓声声，人欢马跳，欢声雷动……一个个赭红色人像组成的画面，既有庄严隆重的祭祀场面，又有钢筋铁骨的兵马阵，还有先民们狩猎归来的丰收欢乐图。花山最早的岩画距今已有2000多年的历史，颜色却依旧绚丽，古人的智慧令人叹为观止。

2016年7月15日，在土耳其伊斯坦布尔举行的第40届联合国教科文组织世界遗产委员会会议上，左江花山岩画文化景观被列入世界遗产名录，成为中国第49处世界遗产，填补了中国岩画类世界遗产项目的空白。

近年来，崇左市加大对花山岩画的抢救性保护工作，制定了专项保护法规，建立了岩画资料数据库，常态化开展岩画生态环境监测，实施岩体加固保护措施，对保护区范围内的采砂、排污、伐木等一系列破坏环境的行为进行了大力整治。目前，左江流城地区基本保持了原有的农业生态景观和山地自然植被，左江及其支流明江周边没有工业废水等排入，水环境保护状况良好。

花山地处北回归线以南，属温暖的亚热带季风型气候，高温多雨，终年少见霜，年平均气温 22.3℃。花山岩画岩体的矿物成分主要为方解石，含少量的白云岩，对环境变化敏感。大雨、洪涝、高温、高湿天气是影响岩画保存的主要气象因素。花山地区属高湿度环境，受到气温、降水量、蒸发量、纬度等综合因素的影响，相对湿度常年保持在 75% 以上，7月平均湿度大于80%，11月平均湿度在 70%～80%，且湿度有逐年上升的趋势，对于岩画保存有不利影响。而且这里夏季炎热，日照强烈，岩面温度很高，如果突发暴雨，炎热的岩面极易受到侵害，导致岩画发生风化，经雨水冲刷就会使颜料脱落。

围绕花山岩画的申遗和保护工作，多年来崇左市气象部门主动发挥气象科技优势，做了许多工作：建成新一代天气雷达投入业务运行，开展极端天气气候监测、预报预警和气象实况监测等气象服务，发布中小河流山洪预警、地质灾害预警等信息；在左江流域建设区域自动气象站150多个，自动观测温度、降水量、风向、风速、气压、湿度，实现每10分钟上传一次加密观测数据；在宁明县耀达村花山民族山寨建成大气负（氧）离子观测站，开展生态环境气象监测。

壮乡神画　摄影：黄剑游

喀斯特：让美丽不哀愁

曾涛

喀斯特是一种美丽的哀愁，"美丽"说的是喀斯特地貌在寸草不生的地方，展现着一种孤傲的凄凉之美；"哀愁"指喀斯特环境带给当地人的却更多的是无奈与辛酸。由于喀斯特地区的岩石为可溶性碳酸盐岩，这种岩石在雨水作用下风化的可存物极少，可溶成分都随水分的流失而被带走，导致成土过程极为缓慢，要形成1厘米厚的土壤，动辄就是几千甚至上万年。而被水溶蚀的喀斯特岩层会发生石漠化，支离破碎，像一具具被剥尽血肉的骨架，不堪一击。石漠化因此又被称为"地球之癌"。

喀斯特环境是我国三大脆弱环境之一，分布面积占国土面积的近八分之一，其中贵州、广西、云南等西南地区喀斯特分布最集中，面积最大，但石漠化也最严重。让美丽不哀愁，石漠化综合治理展现了人类智慧。

弄拉——石漠化治理的样板

2010年，西南地区遭遇特大旱灾，许多植被少、水源缺乏的大石山区成为重灾区，仅广西就有300多万人、200多万头大牲畜发生饮水困难，但地处大石山区的广西壮族自治区南宁市马山县古零镇的弄拉屯，却依旧泉水潺潺、树木葱郁、农作物生长良好。中央电视台新闻联播节目还对此进行了报道。

处于石漠化地区的弄拉屯探索出了一条经济效益与生态效益相得益彰的路子，人们称之为"弄拉模式"。弄拉屯在20世纪50年代以前，植被茂密、郁郁葱葱。1958年开展"大炼钢铁"，山上的树木全被砍了。树木没了，山石裸露，水荒粮缺。饱受折磨的村民们痛定思痛，决定想办法把遭到破坏的生态恢

环江川山镇下寨景区　环江毛南族自治县党委宣传部供图

复，重建美好家园。一方面，禁止进山砍伐树木；另一方面，因地制宜种植红豆杉、罗汉松等大批苗木。在实践中，他们形成了"山顶林、山腰竹、山脚药和果、地里粮和桑"的立体生态发展模式。弄拉人还根据当地山高、谷深、泉清、林茂的生态优势，发展起了生态休闲旅游，吸引了一批批游客前来参观游览。昔日的"石窝窝"，如今变成了"金窝窝"。

监测表明，弄拉气候宜人养人，即使在炎热夏季，日平均温度也仅为23～24℃，称得上是避暑胜地。"弄拉模式"之所以成为喀斯特地区石漠化治理成功的典范，关键在于天、地、人的和谐相处。改造生态基础设施、封山育林，形成了良好的植被覆盖率，改变了弄拉的小气候环境。茂密的植被涵养水源，弥补了喀斯特岩溶各种暗河、漏洞的先天缺陷。

岩溶区大面积石漠化，易导致生物多样性丧失，生态系统脆弱。要扭转这个不利的趋势，岩溶植被的恢复和重建显得极为关键。而小气候条件是植物生长发育的重要影响因素，如果能够采取措施，因地制宜地改善小气候，恢复植被，那么治疗"地球之癌"也许并不那么悲观。

透过气象看石漠化

广西岩溶土地分布范围广、发育典型，岩溶土地面积833.4万公顷，岩溶面积、石漠化程度位居全国第三位，岩溶土地面积占全区土地总面积的35.1%，主要分布在桂西北和桂中地区的河池、百色、崇左等10个市76个县（市、区）。

岩溶石山区土层薄、保墒能力差、水资源匮乏、水土流失严重，对天气和

石漠化区

气候变化具有更高的敏感度。近年来，广西壮族自治区气象局开展了石漠化区气象监测工作，分析指出：山高坡陡、气候温暖、雨水丰沛而集中，为石漠化提供了侵蚀动力和溶蚀条件。另外，人为因素是石漠化土地形成的主要原因。岩溶地区人口密度大，经济贫困，群众生态意识淡薄，过度樵采、过度开垦、乱砍滥伐等各种不合理的土地资源开发活动频繁。在这两种因素的综合作用下，岩溶地区的生态环境逐渐恶化。

全球气候变化也给石漠化区带来严重影响。近年来，这些地区洪涝、台风、干旱及低温冰雪霜冻、高温热浪等频繁发生，极易发生山洪、滑坡、泥石流等。

治"癌"在行动

从 2007 年开始，广西气象部门针对石漠化地区开展生态环境监测工作，利用风云卫星遥感监测资料等进行石漠化典型生态环境的监测和评估服务。

广西气象部门利用气候资源为大石山区特色产业提供生态与农业气象服务。比如：气象部门助力凤山县种植核桃，使之成为广西核桃产业第一县；助力都安瑶族自治县在山脚地带和退耕还林地大力发展鸡血藤、山豆根、野菊花等 60 余种瑶药的种植。相关县市气象局还紧扣当地政府和农林部门需求，将这些石漠化治理工程重点示范区设为气象信息服务点或直通式气象服务点，结合石漠化生态环境气象评价产品和农业气象服务产品，做好气象服务工作。

治疗"地球之癌"，发挥气象科学基础性科技保障作用，让美丽不哀愁。

长寿之乡的气候密码

曾涛

无论是古代传说中的嫦娥偷灵药、彭祖不老术、秦始皇求仙入海、汉武帝炼丹求生，还是现代人形形色色的养生方法，追求长寿都是人们永恒的话题和永久的渴望。那么您知道我国哪个地方的人最长寿吗？让我用数据来告诉您：在我国目前的 10 个"世界长寿之乡"中，广西占四成，分别是巴马、乐业、浦北和上林。而在 84 个"中国长寿之乡"中，广西约占三分之一（目前为 29 个）。

史书所记载的中国最长寿者——145 岁的蓝祥即为广西人，还受到了当时清朝嘉庆皇帝的嘉奖。目前，百岁老人数量和百岁老人占总人口比例这两项指标中，广西在全国都位居榜首。这是为什么呢？长寿老人的出现与和谐的社会环境、良好的生活方式、合理的膳食结构有关，更与当地的地理位置以及气候环境有密切的联系。下面将从气候的角度，对长寿之乡的气候状况和气候特征进行分析，去破解那些留存在八桂大地的长寿气候密码。

密码之一：舒适的环境温度

适宜的温度适合人类生存。达尔文的进化论在讲到生物的起源时也提出，因为适宜的温度，地球上开始有了生命。环境温度与人类的健康息息相关，是人类赖以生存和发展的条件。温度过高或过低，我们的健康都会遭受损害。可以说，温度对人类寿命的影响非常显著。根据实验，人体感到舒适的气温是：夏季 19 ~ 24℃，冬季 12 ~ 22℃。

地处祖国南疆的广西，气候的主基调就是温暖。广西壮族自治区年平均气温 20.7℃，其各地年平均气温 16.5 ~ 23.1℃。在很多人的印象中，广西应当是常年暑热难耐，但其实广西 35℃以上高温日数平均每年只有 15 天，日平均气

27

广西长寿老人（一） 巴马瑶族自治县文化广电体育和旅游局供图

温在 12℃ 以下的日子更是不足一成，四季温差不大，寒暑适中。在这一环境温度里，人的生理功能、新陈代谢水平等处于最佳状态。周遭气温变化不剧烈，人体冷热感不强，身体内的毛细血管舒张，感觉非常舒适，精神状态好，思维敏捷，工作效率高，形成了健康长寿的基础条件。

密码之二：植被覆盖率高，降水丰沛

广西降水丰沛，是全国降水量最丰富的省区之一。各地年平均降水量 1077.4 ～ 2768.8 毫米，4—9 月雨季降水量占全年的 66% ～ 86%，而且蒸发量明显小于降水量。

由于降水量丰富，广西的植被覆盖率高，处处被草丛、灌木、地衣、苔藓所覆盖，如同披上了一件绿色的衣服。走进了广西，就走进了绿色，到处呈现一派郁郁葱葱的景象，加之群峰叠嶂、小溪环绕、山泉潺潺，形成得天独厚的喀斯特绿洲。喀斯特地貌区域水源水质尚处于原始或半原始状态，水资源丰富，

纯净少污染，这些都为长寿创造了良好环境。

另外，广西各地地形大都崎岖多变，有利于气流起伏，冷暖空气频繁交替，带来雷雨和闪电。全区平均雷暴日数73天，部分县市能达100多天，是我国雷暴日数最多的省区之一。雷暴产生的瞬间，在高电压和高温共同作用下，空气中形成大量负（氧）离子。据报道，在著名的世界长寿之乡巴马，日本专家曾测得空气负（氧）离子含量达到每立方厘米30000个。而在一般情况下，森林环境中的空气负（氧）离子浓度平均为每立方厘米5000个。其实，广西这样的地方还有很多，如金秀、大新、昭平等，动辄一个就是每立方厘米上万个负（氧）离子的"深呼吸"小城。而负（氧）离子具有促进新陈代谢、强健神经系统、提高免疫能力的功效，是一种纯天然的"长寿素"。

密码之三：适当的湿度环境

湿度与空气流通情况首先会影响人体散热，如果散热与体内产热不平衡，人体就感觉不舒服。如果湿度过小，蒸发加快，干燥的空气易夺走人体的水分，使人皮肤干裂，口腔、鼻腔黏膜受到刺激，出现口渴、干咳、声嘶、喉痛等症状，极易诱发咽炎、气管炎等病症。广西不少地区年平均相对湿度能达到80%，夏季的6—8月甚至能达85%以上；即使是相对干燥的冬季，平均相对湿度也约在70%，有利于人体保持水分。虽然湿度过大也会产生一些对健康的不利影响，但由于南方人习惯于生活在雨水环境丰富的地区，即使湿度值略偏高，本地人还是感到很舒适的。

密码之四：适宜的光照

太阳光中到达地球表面的光线为紫外线、可视光线及红外线，其中对人体最有影响和有害的是紫外线。广西各地年日照时数为1169～2219小时，在全国虽不属于高值区，也属日照比较丰富的地区了。但广西不少地区多云、多雨，或多自然山脉、建筑物的遮挡，可以剔除光照量的70%，使得人们既受到阳光的照射，又不会感觉到阳光毒辣。光照适宜的生活环境，也有利于人们健康长寿。

密码之五：气压适中

大气压变化对人的健康影响很大。一方面是对人体生理的影响，主要是影响人体内氧气的供应。正常人每天需要大约750毫克的氧气，其中20%为大脑耗用。当气压下降时，大脑会缺氧，导致一系列生理反应，如呼吸急促、心率加快等，就像从平地到高原，常出现头晕、头痛、恶心、呕吐、无力等症状，甚至会发生肺水肿和昏迷，即高山反应。

同时，气压还会影响人体的心理变化，主要是使人产生压抑情绪。例如，低气压下的阴雨和下雪天气，夏季雷雨前的高温湿闷天气，常使人情绪低落。而当人感到压抑时，易引起血压上升、心跳加快、呼吸急促等不适症状。

广西地处低纬度高压区，气压适中，有利于人的身体与气压处于平衡状态，即使因天气变坏而引起气压下降，也不易诱发脑缺氧，减少了高龄人群受到不利气压因素的影响，存在着适宜养生的良好气压条件。

"草经冬而不枯，花非春亦开放"，广西的气候特征造就了"山清水秀生态美"的自然环境，也造就了广西人温和的性格和闲适安宁的生活方式。另外，这里富硒土壤多，人们的饮食口味也偏清淡。这些可能都是长寿的因子吧。

那充满亚热带生态的城市、乡镇和山村，处处透着安详、自然与协调，人居其中，不仅身体得到陶冶滋养，精神更是在人与自然的共处之时得到升华。自然法则提醒我们，生命的起始、长短、优劣都与气候环境有关，阳光、空气和水永远是大自然赐给所有生物的生存条件。只要对大自然存有爱心，便可以安然享用它的恩赐，益寿延年。

广西长寿老人（二）巴马瑶族自治县文化广电体育和旅游局供图

河池市都安县地苏地下河　摄影：黄石健

溶洞中的飘带——地下河

谢海云　罗桂湘

　　"一洞穿九山，暗河飘十里""一脉清流穿洞过，更辟瑰丽岩内景"，这是对广西地下河独特自然景观的真实写照。广西分布着世界上最庞大的地下河系，以河池市都安县地苏地下河为代表。深藏地下的河流行踪飘忽、神秘莫测、规模庞大、纵横交错，像无穷无尽的地下迷宫在黑暗中奔腾。只有在某些特殊的地方，地下河通道的顶部坍塌，才会在地面形成一些孔洞，创造出"天窗"这样的喀斯特奇观，成为我们窥探这个地下隐秘世界的窗口。

　　如果说漓江是飘动在桂林奇峰中的彩带，那么地下河就是溶洞中的飘带，它因水而生，水又让它更具有灵气并拓延了生命力。在喀斯特地区，水能将石灰岩溶解侵蚀，雕琢成奇峰林立、洞河交错的独特地貌景观，而其中丰沛的雨水资源是地下河形成的重要原因之一。

　　在地下河密布的地区，年平均降雨量有 1500 ～ 2000 毫米，与全国年平均降雨量 630 毫米相比，属于绝对的多雨地区。俗话说，"季风来，雨神到"，夏季风从海上携带的大量水汽，转变成了广西、贵州以及云南东南部的丰足雨水，特别是广西的雨季长达 6 个月（4—9 月），雨水尤为丰沛；不仅如此，冬春季节，西南气流也会把孟加拉湾上空的水汽输送过来，与北方冷空气相遇产生降水，这也成为了全年降雨量的一种补充。这些雨水当中的 30% ～ 60% 会沿着地表的裂隙渗入地下，转化为地下水。七八万年前，印度板块向亚欧板块撞击，云贵和广西一带的岩石相互挤压，产生了特殊的地质构造，形成许多裂缝，雨水沿着这些裂隙不断下浸溶蚀，随着时间的推移，岩体逐渐坍塌，形成"岩溶开窗"。特别是地下河密集的都安县，更是处在云贵高原向广西盆地过渡的斜坡地带，地下水和地表水下切的速度非常快，这也加大了雨水溶蚀的程度，造就了这里径流丰富、数目庞大的地下河水系。

地下河四通八达，有无数支流，大部分藏在地底深处，偶尔在地表出现"天窗"。在丰雨季节，地下河通过"天窗"溢流，形成一些季节性的地表河流。而到了枯水期（每年11月到次年3月），"天窗"水位又会下降，地表河床干涸。

地下河对溶洞内的气候环境有着一定的调节作用。由于溶洞内空气流动少，与外界交换热量也少，再加上地下河水的热容量大，所以溶洞内的气温变化幅度比洞外小得多。冬天尽管洞外寒风刺骨，一来到地下河畔却温暖如春，气温一般比洞外要高 $6 \sim 8℃$；夏天洞外热浪滚滚，地下河则分外清凉，气温比洞外低 $8 \sim 10℃$，温差最大时可达 $15℃$。地下河的溶洞具有的另一个气候特色是：空气湿度变化不大，由于没有直接接受太阳辐射热量，河水蒸发量小，地下河附近是终年湿润的。

很多地下河极少有人类活动的痕迹，所以也隐藏着一个不为我们所知的生物世界。很多顶尖的潜水探险家来到广西地下河，都被这个"水下世界"深深吸引。2011年6月，潜水教练韦庆华在都安县架珠"天窗"为一批特警做潜水培训时，意外发现了一种珍稀的水中生物——"桃花水母"，它比恐龙还要早诞生几亿年，被称为"水中熊猫"和"活化石"。桃花水母是世界一类濒临绝迹的古老腔肠动物，对水温、水流以及天气等条件要求苛刻，它不仅美若桃花，也喜欢在桃花盛开的温暖时节成群结队地来到"天窗"水面。而天气转凉或太热时，它就转到20米以下的水中生活。重要的是，这种小小的水中生物对水环境要求极高，只有在无污染的弱酸性水质中才能生存。在都安县的架珠"天窗"和地下河中，常常可以看到桃花水母成群出现。有专家曾用2000毫升的取样瓶随意地装一瓶水，结果就从这瓶水中提取出了16只活体水母，这里水母密度之大、水质之好由此可见。

所以，地下河是特别优良的饮用水源，在"世界长寿之乡"广西巴马县，老寿星们大多饮用的都是富含微量元素的水质洁净的地下河水。在侗族聚居地，为了畅饮地下河水，因地制宜建成的形态各异的水井应运而生，侗族人民对地下河水资源的重视可见一斑。丰富的地下河水还蕴藏着极大的能量，它可以用来灌溉农田和进行水力发电，具有广阔的开发前景。

邕江春泛邕城秀

曾涛

"邕江添雨涨，绿晓万家春。四野重烟晓，两堤叠浪新。波涵天上下，光映日浮沉。极望天无际，乘槎好问津。"清代诗人刘神清一首《邕江春泛》，写尽了邕江两岸的秀美风光。

珠江流域西江支流郁江自西向东而流，其流经广西壮族自治区首府南宁市的河段称为邕江，全长133.8千米。邕江水量充沛，航运条件好。南宁古称邕州，穿城而过的邕江，被誉为南宁的"母亲河"。

城因水而兴，水因城而灵。邕江河面宽敞，水位变化幅度不大，十分有利于航运，给南宁带来了便利的水上交通。历史上，南宁素以商贸发达著称，溯左江而上可达龙州，溯右江而上可达百色，顺邕江而下可达梧州、广州、香港、澳门，自古以来就是我国西南地区东向的水上交通枢纽。明嘉靖年间驻南宁广西左参议汪必东有诗云："西粤观诸郡，南宁亦首明，正音前汉叶，奇货左江通。"

邕江风光（一）

南宁当时已发展成为左、右江商品集散中心。

今日的邕江，平和顺缓，生机盎然。而据史料记载，邕江曾频频发威，令南宁人民饱受水患侵扰。南宁市地处广西南部，位于北回归线南侧，属湿润的亚热带季风气候，阳光充足，雨量充沛，霜少无雪，气候温和，夏长冬短，年平均气温在 21.6℃ 左右。冬季最冷的 1 月平均 12.8℃，夏季最热的 7 月、8 月平均 28.2℃。暴雨、台风等是影响南宁的主要气象灾害。

在南宁市南湖公园，绿树环抱下，一尊雕像屹立其中。雕像中的人物是唐代邕州司马吕仁。南宁见于记载的防洪工程建设，就从这位历史人物开始。唐景云年间（710—712 年），南湖还是"邕溪"，与邕江相通。溪水下游两岸水害频繁，邕城（今南宁市）常被邕江洪水淹浸，百姓苦不堪言。吕仁组织人员于邕溪水注入邕江出口处填土方，筑大堤，阻止邕江水倒注，同时又在埌边村（位于今南湖北头）筑堤，开渠分流，把上游流下的水分流引入南边的竹排冲，以消水势。这些工程束缚了泛滥洪水，百姓得以临水而居。

然而，引渠分流不足以驯服邕江。邕江两岸地势平坦，地面高程大部分在 71.67 ~ 75.67 米，处于十年一遇的洪水位，极易遭受洪水威胁。据《广西通志·水利志》记载，明崇祯六年（1633 年），郁江发大水，南宁被淹，城内水深丈余，"登城一望如海，近河民舍，尽为漂荡"。

时至清代乾隆八年（1743 年），邕城仓西门至安塞门外（原民生码头至邕江宾馆河段）临江一带，河岸被冲至垮塌。为护河岸和城基，当时官员带领民众修建了石堤。石堤至今仍遗存。从清代光绪元年（1875 年）至中华人民共和国成立前，南宁共修建了 6000 米长的边堤。

中华人民共和国成立前，南宁的防洪设施规模小、防洪标准低，只能局部防御一般的小洪水。"落雨大，水浸街，阿妈带我买拖鞋"，这首旧歌谣，唤起不少老南宁的记忆。南宁市靠近邕江的一条小街也正因此得名"水街"。水街因人们来往邕江挑水买卖而过，一年四季都是湿漉漉的。街因水兴，商贾云集，一度繁华。

1968 年 8 月，广西西部地区连降暴雨，江水猛涨，导致南宁市区发生溃堤。据气象资料，1968 年 8 月 6—10 日、12—15 日，邕江上游的左、右江地区先后遭遇 2 次强降雨，16 个县、市降雨量超 200 毫米，靖西等 3 个县降雨量更是超过 400 毫米。1968 年 8 月 19 日，邕江出现 76.39 米的最高洪峰，洪峰水位维持时间长。当时，南宁市区四分之三被淹没，1337 间房屋被冲塌。鉴于这次洪灾，1971 年，南宁市委、市政府做出修建邕江防洪大堤的决定。根据最终确定的方案，南宁在邕江两岸建设长 46.72 千米的堤防。其中，南宁市区堤标准

邕江风光（二） 摄影：韦坚

为 20 年一遇。

2001 年，一场惊心动魄的考验摆在了这座因水而生的城市面前。2001 年 7 月 1—4 日、7—9 日，广西 42 县（市）出现大范围的暴雨、大暴雨，郁江出现全流域性强降雨，上思县降雨量达 422 毫米。一时之间，洪峰水位高达 77.42 米，是 1937 年以来发生的最大洪水。邕江河段甚至形成了一条高出市区街道 4～8 米的"悬河"。为了保卫家园，南宁数十万军民不分昼夜，与洪水进行搏斗，最终保住了南宁的安全。但是，在此次洪水中，部分堤防建设标准低、部分堤段距河岸太近、隐患多等问题也暴露出来。据《南宁市邕江防洪大堤志》记录，2001 年的特大洪水造成直接经济损失 29.9 亿元。

2002 年，"堤路园"项目开建，邕江防洪堤不断延展，目前已至 59.93 千米。防洪和交通巧妙结合，江南大道、江北大道就像两道铜墙铁壁，收服了邕江这条"水龙"。2018 年，邕宁水利枢纽开建，经过 3 年多的建设，开始下闸蓄水。通过与老口航运枢纽、百色水利枢纽联合调度，再加上邕江河段防洪排涝工程，南宁市中心的防洪标准达到"200 年一遇"的要求。邕江日常水位由原来的 62 米提高到了 67 米，水面宽度也从原来的约 300 米扩宽至 400 米。

水若泛滥，形成内涝，就会深深刺痛城市的神经。"眼睛一闭一睁，仿佛到了威尼斯"，市民们曾经对城市内涝如此戏谑道。气象部门就此提出了"金点子"：一是做好城市暴雨的防范，加强气象监测和气象预报，完善应急管理体系建设；二是重视城市排水系统的建设，做好排涝规划；三是建设生态城市，提高绿化率，减少雨水径流。具体措施有采用透水砖铺装人行道，增加透水层，

南湖风光　摄影：曾海科

减少硬质铺装等。南宁市气象局加强了城市内涝的科研与系统开发力度，组成了专门团队，开展课题研究，并与相关部门加强联动，有效防御城市内涝。

"一条邕江穿城过，一座青山城中坐，青山伴着绿水转，绿水青山都是歌……"这首欢快的新曲，在邕江旁唱响。邕江泛舟，碧波荡漾、水岸如黛，十几座大桥跨江展翅，百里秀美邕江已成为南宁市的一张亮丽名片，吸引了众多游客。

如果你来邕江游玩，有几个地方是必"打卡"的。自邕江上游起，在距离南宁市区36千米处，首先可去逛逛扬美古镇。古镇始建于宋代，繁荣于明末清初，以古镇、老街、碧水、金滩、奇石、怪树著称，也是辛亥革命党人黄兴、梁烈亚进行革命活动的根据地，现有700余栋明清建筑。梅菜、豆豉和沙糕是著名的"扬美三宝"，可作为手信带回去。

顺流而下，来到美丽南方景区。这里地处邕江北岸石埠半岛，距南宁市区10千米，自然风光优美，是著名作家陆地先生创作的小说《美丽的南方》故事背景所在地。美丽南方景区土地肥沃，水资源丰富，现已发展成为特色农业示范区，集休闲旅游、欣赏田园风光、体验纯朴民风民俗、浏览土改与农耕文化于一体。

随后进入南宁市区，来到亭子码头。"老南宁"常说："先有亭子渡，后有南宁城。"亭子码头历史悠久，亭子正街的历史可以追溯到北宋，至今已有900多年的历史，是目前南宁市内有文字记载的最古老的街道。如今的亭子码头已成为一个充满文化风情的特色休闲公园。

接下来抵达邕江大桥，这里是市中心，景点多，历史文化底蕴深厚。有几

个地方建议去逛逛，如冬泳亭、邓颖超纪念馆、"三街两巷"、防洪古堤、中山路等。冬泳亭是南宁人民为纪念毛泽东主席于 1958 年 1 月 7 日和 11 日两次冒着严寒畅游邕江，而在其冬泳下水的地方兴建的。邓颖超纪念馆全面展示了"南宁的女儿"邓颖超同志（1904 年 2 月 4 日出生在邕江北岸原晚清南宁镇台官邸）波澜壮阔的一生。"三街两巷"始建于宋代，拥有南宁市区唯一保留下来的清代至民国时期的民居群。邕江防洪古堤现存石堤长约 80 米，高约 9 米。石条上尚存"永镇三江""中流砥柱""第贰拾捌层""堤顶叁拾陆层"等题刻。该石堤是南宁市现存的工程最大的清代防洪设施。而中山路则是有名气的小吃一条街，是南宁最具"烟火气"的所在。在这里，你可品尝到老友粉、粉饺、卷筒粉、八珍伊面、酸嘢、芝麻糊等南宁传统小吃。

随后可去南湖、青秀山走走。南湖公园是一座绕湖而建的开放式公园。公园内植被茂盛，满满的亚热带风光气息。经过"海绵化"改造后，南湖已成为不少跑友心目中的夜跑"圣地"。青秀山则是南宁市的"绿肺"，登上高高的龙象塔，江风入怀，城景尽揽。沿江而下，最后还可以参观顶蛳山遗址，这是一处很有代表性的新石器时代的贝丘遗址，目前已在此基础上建成了南宁园博园。

"半城绿树半城楼"，行走江滨，两岸绿树婆娑，高楼林立，广西文化艺术中心、南宁博物馆、南宁规划馆等沿江地标建筑拔地而起……南宁形成了以邕江为轴心，东西延长、南北扩张的城市发展新格局。江与城的故事，苟日新，日日新，又日新……

海绵城市中的气象智慧

张芳琳　郑贤　黄归兰

那考河

　　"潺潺清泉河里流，两岸树花亦斑斓。昔日黑臭小河沟，如今香艳展绚烂。"这首小诗描述了广西壮族自治区南宁市那考河的前世今生。在南宁市"海绵城市"建设中，像那考河这样旧貌换新颜的不乏其例。自2015年4月，南宁被列入全国首批海绵城市建设试点城市以来，坚持以"小雨不积水，大雨不内涝，水体不黑臭，热岛有缓解"为目标，构建人、自然、城市和谐共生的新格局。通过系统性治理，南宁市海绵城市试点建设卓显成效。南宁市海绵城市建设项目涵盖水生态修复、公园绿地、道路广场、公共建筑、居住小区、排水管网等六大类型，示范区内的黑臭水体和内涝点已全部消除。

　　让城市像海绵一样，能够吸收和释放雨水，弹性适应环境变化，应对自然灾害，这需要大量气象资料和各类数据做支撑，更需要对城市气候的全面分析、对天气情况的准确把握以及对降水的精准预测。气象部门在助力海绵城市建设中发挥专业优势，提供了技术支撑和科学论证。

　　随着城市化的推进，水泥"森林"破坏了自然这块可自动吸水、蓄水的天然"海绵"，加上城市地下空间过度开发，导致雨水的积存和渗透能力降低。于是，当强降水发生时，城市排水负荷增大，内涝频发。

　　海绵城市的建设理念应运而生。南宁市通过雨水花园、透水铺装、下沉式绿地等形式，将雨水下渗或蓄积，消减降雨峰值对排涝的压力。以透水铺装为例，透水地面相对于普通地面，不仅能积蓄大量的雨水，而且可以层层过滤净化，一定程度上控制了雨水径流的总量和污染，汇集到地下蓄水池的水还可用于景观、绿化灌溉等。海绵城市建设中的"渗、滞、蓄、净、用、排"等技术，把水拦下来就地"消化"，让它不再成为洪水，而是变成可利用的水资源。这是治疗内涝的一剂良药。

南宁市气象部门积极参与到海绵城市试点建设中，在海绵城市示范区建设了12个海绵城市自动气象站，为海绵城市项目提供实时数据支持。示范点建设有气象电子显示屏，可发布实时监测数据及服务信息。同时，开发了海绵城市气象监测服务网，并接入南宁市海绵城市建设一体化管控平台。在南宁市海绵城市典型设施监测、模型建立及评估工作期间，气象部门全天随时提供有效降雨及落区短时临近预报，雨后及时提供降雨实况数据，让监测采样工作得以顺利进行，助力海绵城市模型建立。

不仅如此，南宁市气象局园区内也进行了海绵化改造。该项目建立的绿色屋顶气象监测系统与南宁市城市热岛效应影响评估系统在广西尚属首创。动过"海绵手术"的南宁市气象局园区，遭遇强降水时有效地减少了地表径流，降低了道路积水，并且经过海绵化改造后，园区景观档次也大幅提升。

此外，作为青少年科普教育基地，南宁市气象局布置了海绵设施及气象监测仪器，展示对雨水的流动、收集、净化、回用的全过程及微气候改善的过程，以直观有趣的方式开展海绵城市建设科普工作。

城市热岛，指的是城市中的空气温度明显高于郊区的现象。研究显示，近年来城市热岛效应在逐年加剧。大面积发展"能呼吸的地面"是缓解热岛现象的重要方法。研究表明，每公顷绿地平均每天可从周围环境中吸收81.8兆焦的热量。这相当于在一个标准足球场上同时开着189台空调在制冷，效果可想而知。

经过"海绵化"改造，越来越多的城市建筑屋顶从灰色变成绿色。南宁市气象局建立的绿色屋顶气象监测系统和南宁市城市热岛效应影响评估系统研究显示，夏天太阳直射时，绿化后的屋顶表面气温比绿化前降低3℃，有时甚至可降低7～8℃。这对缓解城市热岛有着良好的促进作用。

南宁市气象局
摄影：李斌喜

桂中工业重镇
——紫荆花城柳州

张凌云

"城上高楼接大荒,海天愁思正茫茫。惊风乱飐芙蓉水,密雨斜侵薜荔墙。岭树重遮千里目,江流曲似九回肠。共来百越文身地,犹自音书滞一乡。"唐代诗人柳宗元的这首《登柳州城楼寄漳汀封连四州》仿佛写尽了这座城市的荒凉和诗人心中的惆怅。然而,1200多年后的今天,广西壮族自治区柳州市已然发展成为经济发达的现代工业城市,拥有上汽通用五菱、广西柳州钢业集团、广西柳工集团、金嗓子集团、两面针集团、花红药业等国内外知名企业,同时也是国内著名的花园城市和生态宜居城市。

碧水蓝天柳州城　摄影:黎寒池

柳州位于广西中北部，因"三江四合，抱城如壶"的地形，被称为"壶城"，又名龙城。柳州属于亚热带季风气候区，冬冷夏热，雨热同季。年平均气温21℃，年平均降水量1431毫米，年平均日照时数1533小时，年平均高温日数15天，年平均暴雨日数7天。7月和8月是柳州一年中最热的两个月。春季和夏季降水量占年总降水量的76%。柳州同时也是暴雨、强对流天气的高发地区。温润的气候，孕育了独具魅力的柳州风情；频发的灾害天气，也使气象服务举足轻重。

特殊的地理位置，造就了柳州"桂中工业重镇"的地位。水路可直达广州、香港，公路西连云贵诸省，铁路北与湘鄂赣互通，加上日渐发达的手工业，柳州很早就享有"桂中商埠"的美誉。商贸的兴盛，乐于经商的传统、敢闯敢干的民风，孕育了柳州甚至是广西的工业文明。明清时期，柳州已是广西较大的

紫荆花城　摄影：黎寒池

城镇，纺织业小有名气。1933 年，柳州出产了广西第一辆汽车。改革开放后，柳州基本建立了钢铁、机械、电力、化工、纺织、仪器仪表、电子通信设备、通用机械、农业机械等产业，一度成为华南地区仅次于广州的第二大工业城市。20 世纪 80 年代，柳州曾同时拥有 800 多家国有企业和 800 多个"柳州制造"品牌。

然而，工业发展给柳州带来丰厚产值的同时，也带来了环境污染和生态破坏。20 世纪 80—90 年代，在工业发展进入鼎盛时期的同时，酸雨也成了一代柳州人的伤痛。改革开放初期，由于历史的原因，大批工厂坐落在柳州市区，又大多处在城市的主导风向轴线上。而柳州本身是一个小盆地，常年静风频率高，位于城市北部上风方的几家大型重化工业企业大量排放的二氧化硫难以散去，很容易生成酸雨。由于酸雨的侵蚀，户外的铁轨、铁桥、锅炉、自行车等，凡是金属制造的东西，常年锈迹斑斑，整个城市看上去都是灰色的；农民地里种植的瓜果蔬菜常因一场酸雨而绝收。据环境监测资料记载，1985—1995 年，柳州酸雨频率最高达到 98.5%，被列为全国四大酸雨城市之一。雨水最"酸"的时候，pH 值甚至低于 4，已经接近食醋的酸值。那时的柳州也背上了"酸雨之都"的恶名。

在 20 世纪末至 21 世纪初，柳州开展了一场波澜壮阔的"环境保卫战"，对制造酸雨的罪魁祸首——长期超标排放废气、废水、废渣的企业，实行"搬迁一批、改造一批、关停一批、整治一批"的政策。通过十几年时间的大力整治，柳州彻底摘掉了"酸雨之都"的帽子，把一个"酸"名远扬的重污染工业城市变成了"国家园林城市""国家森林城市"，并获得"中国人居环境范例奖"。2006 年 10 月 28 日，时任国务院总理温家宝到柳州视察时，给了柳州"山清水

柳州市夜景

秀地干净"的盛赞。

为了更好地开展整治环境污染专项气象服务工作，进入 21 世纪以来，柳州市气象局也不断进行业务上的改革和创新发展，于 2002 年筹建了酸雨观测站，开展酸雨观测业务，为环保部门提供治理酸雨的第一手服务资料。2015 年，又增加建设了气溶胶观测站，开展 $PM_{2.5}$、PM_{10} 等大气污染物成分观测。近年来，柳州市气象局不断加强生态文明气象保障服务力度，与环保部门联手打响治理环境污染的联合攻坚战，建设了柳州市大气污染预报预警系统，建成了柳州市环境空气质量预报统计模型，为环保部门提供空气污染气象条件预报，并大力开展人工影响天气生态作业，助力重污染天气过程的有序应对。2018 年，柳州空气质量优良率排名广西前列，确保了这个重工业城市持续的生态宜居。

每年 4 月初，20 余万株洋紫荆绚烂绽放，将柳州妆扮成粉色的花海，点燃的是来自世界的目光，打造的是无以复制的美丽，这座重工业城市过去"傻、大、黑、粗"的老形象，已彻底被"一湾碧水穿城过，十里青山半入城"的崭新美丽画卷取代。每当洋紫荆花盛放的时节，世界各地的游客慕名前来，或赏花观光，或采风走笔，漫步花海之中，宛如人在画中游。

一边是鳞次栉比的高楼，一边是千娇百媚的花海，徜徉在碧水蓝天下，人们或许会暂时忘记，柳州依然是一座年产汽车 230 万辆、年产钢材 1000 万吨、年工业总产值 5000 亿元的重工业城市。"既要金山银山，也要绿水青山"，历经十几年的生态修复之路，工业柳州实现了从"酸雨之都"到"紫荆花城"的华丽转身。

桂林：水做的城市

唐莉梅　胡静

　　都说桂林山水甲天下，桂林的山和水，一个是"魂"，一个是"魄"。这些年，桂林以漓江为核心轴，连江接湖，让桂林这座水做的城市，重现"千山环野立，一水抱城流"的景致。

　　保护漓江是实现"水"桂林的根本。根据桂林城市格局和漓江生态特点，对漓江的保护和利用水生态形成了"一连一通一育、一蓄一调一供、一管一控一护"的格局。

　　"一连一通一育"，是指通过"两江四湖"环城水系生态修复二期桃花江环境综合整治工程项目、临桂新区湖塘水系工程项目，实现水系连通。

　　"一蓄一调一供"，是指实施桂林市防洪及漓江补水枢纽工程项目，通过水库调蓄，提高桂林防洪能力，同时在枯水期为漓江补水；通过漓江上游控制性水库群联合调度，为城市供水、漓江补水和景观环境用水提供水资源保障；通过改扩建饮水安全工程项目，为桂林市山区农村改扩建饮水安全工程提供示范。值得一提的是，桂林市气象部门在漓江两岸建设人工影响天气作业站点，提供水库气象风险预报，对干旱以及洪涝灾害进行监测预警，为改善漓江生态环境、调节漓江水位、涵养漓江水源、做好漓江水质保护提供了有力支撑。

　　"一管一控一护"，是指通过重点法规建设项目，提高桂林市水管理水平；通过农村生活污染源综合整治工程项目，控制农业面源污染；通过灵渠保护与可持续发展工程项目，以加快申请世界文化遗产为动力，将灵渠打造为最具中国特色的历史文化旅游休闲胜地。

　　基于特有的水系脉络、地质构造、生态单元以及发展规划空间布局，桂林通过修复古灵渠、桂柳运河，恢复湘江、漓江、义江（洛清江）水系的连通，形成桂林大环城生态循环水系，为"两江四湖"开启桂林城区环城水系建设新

桂林"两江四湖"之杉湖　摄影：梁建平

篇章。

"两江四湖"是指桂林市区内由漓江、桃花江、木龙湖、桂湖、榕湖、杉湖构成的环城风景带，水系全长 7.33 千米，水面面积 38.59 万平方米。

在唐代，"四湖"本是桂林的护城河。到了明朝，城池南扩至桃花江，原来的护城河就逐步演变成一个一个相连的湖泊。最早的"两江四湖"形成于北宋年间。当时桂林城中湖塘密布，水系发达，乘一叶小舟可尽览城中风景名胜。为了再现当年"水城"的繁荣景象，恢复桂林宋代"水上游"的城市游览模式，1998 年，桂林市政府提出了建设桂林市环城水系的构想，即"两江四湖"工程。"两江四湖"的环城水系由三个部分组成：一是由木龙湖、桂湖、榕湖、杉湖与漓江沟通而构成的一环水系；二是桃花江与四个内湖相连通构成二环水系；三是恢复朝宗渠，沟通小东江、訾洲河构成三环水系。2002 年，"两江四湖"正式通航。

"两江四湖"工程是桂林"水文章"上浓墨重彩的一笔。和漓江自然山水游不同的是，"两江四湖"环城水系突出了桂林作为中国历史文化名城所具有的深厚的历史积淀与文化内涵。随着环城水系的恢复，原先一大批被遗忘的重要文物古迹如舍利塔、宋城墙等，得到修缮、保护和挖掘，桂林深厚的历史文化、优美的自然山水、良好的生态环境，在"两江四湖"环城水系中得到了完美、和谐的统一。

西江古郡风俗中的气候元素

梁俊聪 邓碧娜

　　广西有一个拥有 2200 多年历史的小城，它是岭南文化的发祥地，这就是梧州。在这里，你能看到洪水、骑楼、凉茶这些特殊的元素，同时也能感受到其中丰富的气候背景。

　　梧州位于浔江、桂江、西江三江交汇处。广西辖区内河流 85% 的径流量流经梧州入西江，而后由珠江入海。梧州属亚热带季风气候，全年雨量丰沛，尤其是每年的 5—10 月，雨水集中。倘若西江上游流域遭遇连续强降水，西江梧州段水位就会明显上升，极易造成洪涝。20 世纪 90 年代末以前，梧州城市防洪力量薄弱，防洪堤很少，是一个"不设防"的城市，有"十年九涝"的说法。

　　"万历十四年（1586 年），梧州大水，南门城内水高一丈五尺，庐舍田禾，尽遭淹没，梧州漂民舍八百十六家……"这是《梧州府志》中的记载。历史资料显示，近 100 年来，梧州遭遇的水灾将近 80 次，几乎是两年一小涝，三年一大涝。1994 年、1998 年和 2005 年，梧州都发生了特大洪水，其中 1994 年西江洪水 3 次淹上街头，水位一度高达 25.91 米。1998 年 6 月 28 日，西江洪峰水位为 26.51 米。2005 年 6 月 23 日，西江洪峰水位达到 26.75 米，成为新中国成立以来梧州遭遇的最大洪水，洪水漫顶防洪堤，倾泻如一道巨型人工瀑布。洪水，是不少梧州人心目中不可磨灭的印记。

　　梧州降水充沛，年平均降水量接近 1500 毫米，而春夏两季降水占全年总

骑楼城洪水漫街场景重现　摄影：梁俊聪

降水量的三分之二以上。对于号称"小香港"的梧州来说，频繁的降水不利于开展商贸活动，而骑楼的出现解决了这一问题。骑楼最早源于英国，风靡于东南亚，随后传入我国华南地区。它采用上楼下廊的结构，楼上可供住宿，在底层沿街商铺前开辟一条廊道，可以遮阳挡雨。雨天来临时，商铺可正常营业，商贾穿梭其内进行商贸交易，不受降水影响。梧州保留了规模较为完整的传统岭南特色骑楼建筑群，但这里的骑楼有两处地方与众不同，分别为"水门"和"铁环"。只要你在骑楼前抬头望去，便会发现在二楼甚至三楼的外墙，设置有一道门，而在外墙上还上下各设置有多个铁环。骑楼城上的铁环和水门正是为应付洪水而设。洪水漫街时，梧州人以小木船出行，小船行驶到目的地后，就停靠在骑楼城的立柱旁，拴住立柱上的铁环。在不同的高度分设铁环，是为了适应不同的水位。水门则是便于居民在洪水来临时进出骑楼。居民乘坐小船往返，商贩一边划桨一边叫卖，俨然是一幅"东方威尼斯"的场景。市民对于洪水已经习以为常，如何应对也了然于胸。他们熟知什么水位会淹到哪些街道，什么水位会达到自家房屋的哪个高度。"水进我退，水退我扫""门外洪水淹脚，门内悠然玩乐"，这些都是老梧州人面对洪水时淡定与从容的画面。

三江汇集的梧州城

　　三江汇集的梧州城，拥有着一条独特的鸳鸯江。南下的桂江青翠碧绿，西来的浔江黄浊滔滔，两江交汇处清浊分明，景象独特。梧州每年平均日最高气温超 35℃ 的天数达 28 天。于是炎炎夏日中，在鸳江泛舟戏水成了不可或缺的习俗。关于江水，梧州还有一个美丽的传说。相传七夕当天，七仙女会到江河戏水，并向人间播撒福缘，实现民众的祈愿。于是七夕那天，江面人头攒动，老人小孩都到江边戏水，场面甚是热闹。七夕的江水有个叫法——"七姐水"，

老人家们都说"七姐水"可存多年不变质，治疗痱子十分有效。于是在七夕那天游泳的人们，都会带上瓶罐，把江水带回家。

随着时代变迁，这个西江江畔小城的一些古老传统习俗也发生了变化。洪灾已不常见，骑楼城变成了旅游景区，铁环和水门褪去了当年的功能，人们也不再热捧"七姐水"，但只要你来到梧州，细细品味，仍然能体验到这个城市别样的风情。

回南天是怎么发生的

陈见

广西春天气温波动回升，雨水渐多，晴朗天气与阴雨天气交替出现，偶尔会遇到冰雹或者短时雷雨大风等强对流天气，但是最令人心烦的还是湿漉漉的回南返潮天气（简称"回南天"）。

烦人的回南天

每当回南天发生时，到处湿漉漉、黏糊糊，室内的地板、镜面、墙面、楼梯、楼道等都有凝结小水珠或冒水等现象，严重时甚至出现积水。回南天的危害很多，例如：地板潮湿容易使人滑倒摔伤，镜面模糊，衣物受潮难干，办公或家用电器受潮导致短路等。超过3天以上的回南天，食物易发生霉变；公众普遍感觉严重不适，心情压抑，甚至造成群体性患病，有媒体报道，当回南天长时间出现时，一些医院收治的关节炎患者比平时增加20%左右。

回南天是怎么出现的

回南天并不一定是每年都会出现，它是在一种特殊天气条件下发生的：空气露点温度≥室内物体表面温度。

气象学中除了表示空气冷热程度的空气温度外，还有一个表示空气干湿程度的露点温度。露点温度是指空气在水汽含量和气压不变的条件下，降低气温（或冷却）达到饱和时的温度。形象地说，就是用降温的方法将空气中的水蒸气变为露珠时的温度。露点温度本是个温度值，为什么用它来表示湿度呢？这是因为，当空气中水汽已达到饱和时，空气温度与露点温度相同，所以当水汽

未达到饱和时，空气温度一定高于露点温度。因此，露点温度与空气温度的差值可以表示空气中的水汽距离饱和（即水蒸气变为露珠）的程度，而水汽达到饱和时就是回南天发生的临界点。

在春季连续低温阴雨后出现爆发性回暖的情况下，室外空气温度、露点温度快速升高，而表层冷透的室内物体，因受墙体阻隔，温度上升缓慢，与室外气温回升不同步，室外暖空气一旦入室，就会被冷却降温，如果露点温度大于或等于室内物体表面温度，就有水汽发生相变凝结，由气态水变为液态水，附着于冷的物体表面。这时空气也达到饱和状态，即空气相对湿度等于100%，这就是回南天现象发生的原因。

怎样减轻回南天的影响

了解回南天的发生机理后，就可以科学应对、减轻它的危害了，可选的方法有两种：一是不让暖湿空气进入冷的房间，二是在暖湿空气进入之前提高房间的温度。

具体做法是：在回南天发生之前紧闭朝南向（包括东南和西南）的门窗，朝北向的门窗可以半开透气，这样就阻止了暖湿空气形成对流入室，水汽不能在室内发生相变凝结。也可以这样理解——没有"穿堂风"就不会有回南天，这是减轻回南天影响的最简单方法。或者在回南天发生之前，通过开空调暖气，提高室内温度，使其与暖空气温度相当，自动失去水汽凝结的条件，这样也可以避免出现回南天。

此外，还可通过铺报纸吸水，或用除湿机、除湿剂吸附水汽等方法减轻回南天的影响。

台风天漫笔

曾涛

　　当台风水淋淋地爬上岸的那一刻，整个世界只剩下呼啸、嘶吼，有谁比得上它的威仪呢？台风是什么风？自成一派的风，冷酷、霸道。花落知多少的夜来风雨声太温柔，杨柳岸的晓风残月过于文静，即便是"大风起兮云飞扬"的激越，"卷我屋上三重茅"的秋风悲凉，比之台风也是大为逊色的。台风雨是什么雨？是"楚霸王"雨，是"猛张飞"雨，从不屑软软绵绵与淅淅沥沥。纵是再闲静、再雅致的诗境，也将其打个花残月缺，一片狼藉。总之，台风太野了！

　　生活在华南、东南等沿海地区的人们习惯将受台风影响的时间段称为"台风天"。每年夏季或秋季，台风天如期而至。对于曾经身处内陆的我来说，台风只是一个传说。后来，到了几乎年年都有台风光顾的地方，与风共舞抑或风中凌乱，竟慢慢品出了几多况味。2006 年 7 月 18 日，我到广西壮族自治区气象局上班的第一天，就领教了台风"碧利斯"的"下马威"。当天，南宁市城区出现强降雨，内涝严重，雨水倒灌进气象大厦地下室，威胁到发电机等设备的安全，一旦停电，气象业务将陷入停顿。单位干部职工紧急抢险，刚到宣传岗位的我被匆匆塞了一个相机，就跟随着去开展报道了。地下室水位最深处可到膝盖，为了找到最佳拍摄角度，我来不及脱鞋就一脚踩进深水处，呜呼，新买的皮鞋报废了！随后，又获通知，回宿舍简单收拾行李，立即到南宁市各下辖市县报道防台风气象保障服务。去宿舍区的一路还算畅通，等到返回单位就碰上大麻烦了，到处一片汪洋，交通瘫痪，车辆停运，怎么办？只能涉水徒步前行。那是怎样的风？它像狮子一样在空旷的街道上乱吼，在桅杆上、电线上得意地打着呼哨。那是怎样的雨？它像瀑布似地倾泻下来，如密集的子弹般射来，打在脸上隐隐作痛。那是怎样的天空？它像烧焦的破棉絮似的云块，昏天黑地、混沌一片。3 公里的路足足走了两个多小时，当我一身狼狈地走到单位，发现刚换的凉鞋也惨不忍睹了。与台风的初次接触就报销了两双鞋，够令人难忘的。

　　气象台的卫星云图上，台风如身披华贵的羽衣，在轻盈优雅地旋转着……在这美丽的皮囊下，却是巨大的能量，是不可承受之重。按照那个著名的猜想，

UTC 2021-10-11 02:38
BJT 2021-10-11 10:38
CH02 CH03 CH01

中央气象台卫星云图

台风可能源于某一只蝴蝶的翅膀扇动。当台风的策源地海水蒸发,水汽凝结释放出大量的热量,空气柱不断旋转、跳跃,形成逆时针旋转的强大空气漩涡时,台风就横空出海了!一夜之间,蝴蝶扇动的微弱气流已经加剧为巨大的气旋。它明目张胆,气势汹汹,在辽阔的海面上一番闲庭信步之后,便选定一个心仪之地大踏步上岸。全世界众多计算机和气象专家紧张地盯住它的运转轨迹,各个国家纷纷发布预报预测。某些台风厚道老实,人们可以精确地计算出它的路径;另一些台风顽皮古怪、不走寻常路,会突然拐弯,造访一些"猝不及防"的地区。其实,每一场台风,从本质上看,都是不平衡的大气能量得以释放、交换和调整的过程。台风年复一年,把巨大的能量馈赠给陆地,地球大气也得以"吞吐呼吸",维持热量平衡。假如没有台风,那么世界就不是我们现在所见的样子了。

在台风的大肆扫荡面前,人类显得多么渺小! 1970年11月13日,台风重创孟加拉湾,顷刻之间20万人成鱼鳖,100万人无家可归。如果将台风天比作人与台风共同上演的一出戏,那么戏里的台风往往很守时,台风预报也总是将台风盯得很紧,但人们有时对极端天气带来的"杀气"估计不足,因而不得不付出惨痛的代价。千百年来，人类无数次遇到台风的侵扰，也在一次次总结经验，积累生存智慧，磨炼生存意志。这种智慧古已有之。居住在海边的京族同胞建起了以石条作砖墙、独立成座、屋顶以砖石相压的石条瓦房，用于防御台风。华南地区的"蚝壳墙"也是为了抗击台风而发明的独特建筑，墙体内的蚝壳倾斜排列，以便于排雨水，再拌上黄泥、红糖、蒸熟的糯米等层层堆砌，坚固耐用，可抵御强台风。而我们身边总有等风、望风和捕风的人。一群气象人，在台风天最爱追着台风跑，因为他们，大家才看清台风的样子；一位民警，一步挨一步，背着老人涉水转移；一位社区工作人员，挨家挨户劝人撤离；一位青年，台风天路经内涝地段下车排涝，意外成了"网红"……人们对台风的感情总是复杂的，对于夏季总是被副热带高压牢牢控制的高温干旱地区来说，来一场台风雨就是下一场甘霖。台风冲刷了城市里郁积的尘埃、蒙蒙灰霾和厚重的油腻感，还一幕清新、干净，因而便有了"喜台风"之说。若台风带来的降水能缓解干旱高温，且不致灾，那就是为人所喜的。

当台风很强、结构紧凑时，可以从卫星云图中清楚地看见"台风眼"。"山竹""威马逊""桑美"这些台风在巅峰时都拥有"美丽的眼睛"。由于台风眼外围的空气旋转剧烈，在离心力的作用下，外面的空气不易进入到台风的中心区

2014 年 7 月 19 日，超强台风"威马逊"造成钦州港大量蚝排损毁　摄影：李斌喜

内，所以台风眼内反而总是平静而晴朗。心理学上提出了"台风眼效应"，即在时间的维度上越接近高风险时段，心理越平静；在空间的维度上越接近高风险地点，心理越平静。在我看来，台风眼是对"宁静以致远"的哲学诠释，那些安静、从容、有信念的人，往往能够排除纷扰喧嚣，聆听到生命的真谛，打造人生的晴空。那种兴风作浪的大动静，经常是"台风尾"的作为。

苏轼对台风有深刻的理解，从初时遇台风9次搬床铺（《飓风赋》）的悲怆无助，到65岁尚在台风天出行，潇洒作吟"九死南荒吾不恨，兹游奇绝冠平生"（《六月二十日夜渡海》）的豁达、从容。久历台风的苏轼心中应是"也无风雨也无晴"了吧？正如余光中所说："一位英雄，经得起多少次雨季？"台风既然来又回，那就去感受吧，且披风戴雨而来，踏断柯枝而去。

这么一个庞然大物说走就走，一溜烟地消失了。风过，天亮，人们神色平静地从房里走出，看一地残枝败叶、破瓦烂砖。台风过后的城市如同挨了一顿重拳，鼻青眼肿，伤痕累累，只见行道树经过狂风暴雨的洗礼后依然挺直，像昂扬的斗士，站成自己该有的样子！世界如同避过一劫，生命重现光芒，生活又复烟火气。此时，海正在天的尽头努力回头，风安静地通过每个路口，夜色温柔，很值得每一颗星星去守候。

追风小组　摄影：韦坚

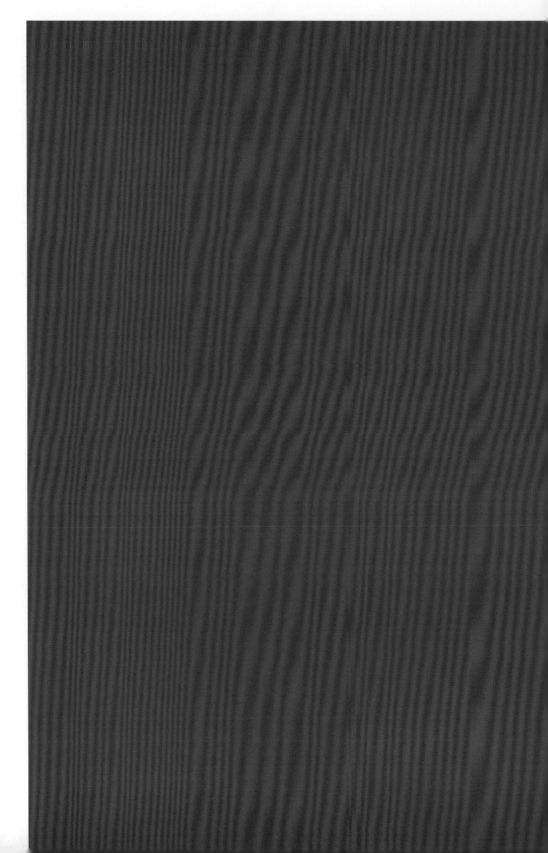

风景篇

山若无云雾烟霭映衬，单调。水若无晴月风雪装扮，乏味。风景在气象中，气象中藏风景。壮美广西，秀甲天下，这般模样你可喜欢？

摄影：阮海

独特气候的馈赠——烟雨漓江

胡静　唐莉梅

桂林历来有"山水甲天下"之誉，2003年被世界旅游组织列为中国最佳旅游城市。这座位于广西东北部的城市，以"山清、水秀、洞奇、石美"的奇特景观吸引着无数游客慕名前来。

漓江是桂林山水的精华所在。一江贯穿两洞（芦笛岩、七星岩）三山（独秀峰、伏波山、叠彩山），奇峰夹岸，青山浮水，碧水萦回，风光旖旎。若逢雨雾迷蒙天气，传说中的"烟雨漓江"便悄然出现在世人眼前。漓江江面水汽蒸腾，远山近水都笼罩在灰茫茫的雨雾中，轮廓若隐若现，绿水青山在烟雨中还原成灰白两色，仿若一幅水墨丹青。

漓江兴坪段　摄影：胡静

"烟雨漓江"是一道可遇不可求的独特气象景致。凡是在特殊的气象条件下，配合一定的地理环境和天文条件而自然形成的气象景观，都离不开春夏秋冬、晨昏晓夜、阴晴寒暖、风雨烟云、霜雾冰雪的影响，漓江烟雨亦然。

在气象学中，"烟雨漓江"中的"烟雨"其实是一种雨雾天气。当空气中所含的水汽大于一定温度条件下的饱和水汽量时，多余的水汽就会凝结。当足够多的水分子与空气中微小的灰尘颗粒结合在一起时，同时水分子本身也会相互黏结，就变成了小水滴或冰晶，这些小水滴或冰晶悬浮在近地面的空气层里，就形成了雾。雾形成的条件有 3 个，一是冷却，二是加湿，三是有凝结核。从雾的成因来说，主要分为辐射雾和平流雾。辐射雾是指由于夜间地表面的辐射冷却而形成的雾，多出现于晴朗无风或微风，近地面水汽比较充沛且比较稳定，或有逆温存在的夜间和早晨。平流雾是指暖而湿的空气做水平运动，经过寒冷的地面或水面，逐渐冷却而形成的雾。

在广西，有 4 个雾的多发区，分别是以三江为中心的桂东北山区，以西林为中心的桂西北山区，以梧州为中心的桂东南地区和以防城港为中心的桂南沿海地区。处于广西东北部的桂林就属于大雾天气的多发区。这与当地的气候和地形是分不开的，桂林属亚热带季风性湿润气候，气候温暖、夏长冬短、季风明显、水汽充足，年平均降水量约 1900 毫米。桂林地处云贵高原向东南沿海丘陵过渡带，具有周高中低形似盆地，山地多、平原少的地形特点。在桂林，一年四季都会有雾出现，主要集中在秋、冬、春三季，夏季 6—7 月相对较少。冬季，桂林的雾主要以辐射雾居多，而春、夏两季主要以平流雾居多。

主导形成"烟雨漓江"美景的雾，属于平流雾。平流雾和空气的水平流动是分不开的，如果风向、风速适合，这种雾一旦形成，就会持续比较长的时间。如果风停下来或风向转变，会使暖湿空气来源中断，雾就会很快消散。桂林上空经常受到西南暖湿气流控制，此时江面上空气湿度很大，当温暖潮湿的空气遇到温度相对较低的山石和江面，低层空气因冷却而凝结成小水滴或冰晶，由此便形成云雾朦胧的景象。由于漓江地势较低，周围群山连绵，因此，出现平流雾时，江面的雾气显得更浓，在少风或风不大的情况下，形成的雾难以消散。在达到了一定的气象条件时，漓江上的"烟雨"甚至可以从清晨持续到中午。要是暖湿气流一直维持，并且比较强盛，整个桂林城都会被笼罩在浓浓的云雾之中，仿佛仙境一般，恰好印证了陈毅元帅的诗句："愿做桂林人，不愿做神仙。"

根据桂林的气候特点，平流雾出现的时间以 3—4 月最多，春天冷空气过后，温暖的南风吹来，便常常会出现"烟雨漓江"的美景。12月左右也会有，不过和春季相比，冬季平流雾的持续时间会短一些。所以，我们一般将每年的3—5月视作欣赏"烟雨漓江"的黄金季节。

哪些地方是欣赏"烟雨漓江"美景的好去处呢？最佳的观赏点无疑是百里漓江景点最集中的杨堤至兴坪段。这里群峰环抱，一水穿流，田园似锦、江山如画。几缕雾气缭绕，望不到山外有山，到处都是咏不尽的诗、作不完的画，这段也是最受摄影爱好者和画家们追捧的"烟雨漓江"创作地。

此外，桂林市区的訾洲公园也是欣赏"烟雨漓江"的好去处。"浩渺烟波古渡头，薄纱雾幔水云秋。幽篁伞盖诗情意，人在訾洲画里游。"描写的就是桂林八景之一的訾洲烟雨。日升雾起、云纱雾幔，訾洲岛笼罩于一片朦胧之中，江上烟波浩渺，群山若隐若现，浮云穿行于奇峰之间，雨幕飘浮在江山之上，宛若置身于蓬莱仙境。与訾洲公园隔江相望的伏波山、象鼻山等地，也都能欣赏到"烟雨漓江"的美景。如顺流而下，在漓江边的大圩古镇和阳朔大榕树、月亮山美丽的田园里，更能欣赏到另一种风格的"烟雨漓江"。

烟雨漓江

龙脊——风雨雕刻的「天梯」

曾涛

广西壮族自治区桂林市龙胜县东南部的和平乡辖区内有一个规模宏大的梯田群，如练似带，从山脚盘绕到山顶。小山如螺，大山似塔，层层叠叠，高低错落，其线条行云流水，其身形潇洒柔畅，其体量磅礴壮观。远观好像一条条卧龙的脊背，这就是著名的龙脊梯田。

龙脊梯田距龙胜县城 27 千米，距桂林市区 80 千米，面积共 66 平方千米。在南方，梯田并不稀奇，可是像龙脊梯田这么大规模的，实属罕见。龙脊梯田始建于元朝，完工于清初，距今已有 650 多年历史。

龙脊，在千层万级的阡陌上盘旋，或妩媚或潇洒。追根溯源，你会发现那正是风云拂过了时光的河。

风雨雕刻的龙脊云梯

梯田的出现与地理气候条件是密不可分的。一般来说，梯田在我国主要分布于南方丘陵区，那里属于亚热带、热带季风气候，气候特点是夏季高温多雨、冬季温和少雨。简单来说，雨水多、山多的地区才多见梯田。

穿越岁月，龙脊梯田是风雨雕刻而成的"天梯"。龙脊梯田的形成既有气候因素，也有地理因素。南方的梯田多种水稻，无水就不成为梯田。一方面，龙脊梯田降水量大。当地处于亚热带季风区，年平均气温 17℃，年平均降水量 1650 毫米；最热月（7 月）平均气温 25.4℃，最冷月（1 月）平均气温 7.1℃，

最低气温 -6℃，总积温 3198℃·d，平均无霜期 290 天。另一方面，山区独特的小气候也发挥了关键作用——海拔落差造成了突出的立体、多样化气候资源：山脚或低山区的较高气温将河水、溪流等水系大幅度蒸发，大量水蒸气随着热气团层层上升，在高山区受到冷气团的压迫和冷却，形成了终年缭绕的云雾，经再度冷却凝聚成雨水，降落在高海拔山区的树林中，被树木吸收贮存，以地表水和地下水的形式沿山坡流至山脚，为梯田的灌溉提供了非常有利的水源条件，千层万级的梯田也就有了源源不断的活水。

从地形地貌来看，高山深谷为梯田的开垦创造了良好的条件。龙脊梯田所在的和平乡属于南岭山地的越城岭，山岭绵延、层峦叠嶂、气势雄浑。当地海拔 800～1500 米的山地较多，梯田坐落于海拔高低不等的山岭里，最高处的梯田海拔 1180 米，最低处仅 380 米，垂直落差达 800 米。

当地群众巧妙利用气候因素建设梯田。他们修建梯田时往往选择较缓的向阳坡地，砍去林木，焚烧荒草，垦出旱地，引来森林中的山泉水灌溉田地，使其变为水田。开挖梯田的工作一般会在冬末春初进行，此时气候凉爽、土质干燥，宜于劳作。龙脊梯田大多分布在下半山区，这是因为下半山区无霜期长、雨量充沛、光照时间长，适宜作物生长。龙脊梯田还呈现梯田和森林交错布局的现象，在一段较长的梯田下方，往往会出现一片森林，这样的布局起到了很好的保持水土的作用。同时，当地群众还会在坡度较陡的地方种植树木，涵养水土。

有人将梯田与长城相比，说它们同是人造奇迹。但不同的是，长城是古代统治者强迫老百姓修筑的，梯田则是群众自发修筑，一切顺其自然，体现的是人与自然的和谐关系。

云梯养育的人文情怀

在龙脊梯田俯下身，掬一汪流水，聆听人与自然的对话。生活在龙脊上的壮族、瑶族、苗族等各族群众在迁入当地的三四百年间，不仅继承了历史悠久的稻作文化传统，而且在处理与龙脊山地环境关系的过程中形成了本地独特的生态理念。当地的民居一般都建在山腰处，从气候条件来看，此地段冬暖夏凉、气候温和，适宜居住。从气象防灾减灾的角度出发，此处紧邻高山森林，而森林有利于保持水土、涵养水源，故不易发生泥石流等灾害。另外，在这里居住既可以就地取材，采集木材和薪炭，也便于村民保护和管理树木。从水资源使用方面来分析，在此处生活可以极大避免梯田灌溉用水和村寨生活用水发生冲突。这里的生活用水使用的是经森林净化后的地表径流，当这些径流经过村寨时，又能有效地利用自然肥，增加土壤有机质。

我曾数次来到龙脊梯田，领略过这里的季节变换。春风拂面之时，水满田畴，如面面银镜；夏日朗朗之际，佳禾吐翠，似排排绿浪；秋高气爽之时，稻穗弯腰，像串串金链；冬雪飘洒之际，银装素裹，若片片白玉。四季景色固然不同，更为难得的是一日之内也有不同景致可赏：天气阴晴变幻不定，云霞岚气聚散之间，梯田也会慵懒地呈现出不同的神韵和情致。

梯田美，人更美。山峦起伏里、河谷幽深处，生活着苗族、瑶族、侗族、壮族等少数民族。除了令人神往的美丽奇特的自然风光外，还有着浓郁纯朴的民俗民情，吸引着世人的目光。在错落有致的梯田间，在蜿蜒曲折的山路上，在炊烟袅袅的山寨里，偶见瑶女壮妹身背竹篓款款而行；在流泉飞瀑下、溪水潺潺中，时有红瑶妇女洗梳长发、玩水嬉戏，不时飘来几缕悠扬纯朴的山歌声，令人陶醉其间，流连忘返……

漫步在曲折的梯田中，带着原始的纯真，呼吸着自然的气息，依着古老的村寨，看龙脊之上彩虹舞动。那些被风雨雕刻的阡陌、被时光浸润的吊脚楼，似乎在静静地诉说着这片土地以及这片土地上发生的一切。

龙脊梯田　摄影：李斌喜

北海：中国避寒宜居地

覃潇潇　黄姿娜

北海银滩　北海市旅游文体局供图

作为获评全国首批也是广西壮族自治区首个"中国避寒宜居地"称号的北海市，是冬天的好去处。

北海市地处广西南端，位于北部湾东北岸，属于典型的南亚热带海洋性气候，一年四季都有"撩人"的阳光、湛蓝的海水、迷人的沙滩、美味的海鲜、渔村的风情。夏无酷暑、冬无严寒，全年平均气温22.9℃，冬季（12月至翌年2月）平均气温15.6℃，最高气温29.9℃，日平均日照3.4小时，平均相对湿度77.7%，大风日数1.2天。近3年平均无冬日数85天，避寒气候适宜日数达87天，避寒气候适宜度指数为2级，为较舒适的避寒地。北海市负（氧）离子含量超出内陆城市近100倍，PM$_{2.5}$平均浓度为每立方米27微克，为广西最低，空气质量优良率稳居全国前列，空气质量多年连续位列广西第一。北海市冬季气候温润舒适，空气清新宜人，得天独厚的避寒条件每年吸引近10万来自全国各地的旅居者像"候鸟"一样前往北海市避寒养生，如今的北海市已成为国内不可多得的避寒养生宜居地。

说起北海市，那必须提起被誉为"天下第一滩"的银滩。这里的沙滩洁白、细腻，由于沙子中的二氧化硅含量达98%以上，在阳光的照射下会泛出银光，故称银滩。在冬季里，日照时间一长，日间气温上升，就会很暖和。这里地处北回归线以南，终年气温较高，海水水温常年在15～30℃，一年之中有9个月时间可以下海洗浴。

北海市三面环海，除了银滩还有很多美丽的海滩，在市区以西、冠头岭以东的大墩海，便是其中之一。大墩海一带沙滩面积大，虽然没有银滩的沙白、滩平，但却十分辽阔。涨潮时即使整个海湾被海水完全覆盖，水也并不深。因此亦有不少人在这里游泳；而若赶上退潮，大家就在海滩上赶海摸螺，好不快乐。除了游泳赶海，大墩海也是一个拍照的好地方，这里的海堤干净、清爽，随手一拍就能出片，海堤的尽头有一座灯塔，天气好的时候还能和绝美的晚霞合影。

从北海市区往南24海里，就来到"中国最美十大海岛"之一的涠洲岛。涠洲，水围之洲，这座伫立于北部湾海域的海岛，从空中俯瞰，犹如一枚弓形的翡翠漂浮在大海中。它是中国地质年龄最年轻、最大的火山岛，海岛由火山喷发堆凝而成。火山喷发给涠洲带来奇特的火山地貌景观，使南部沿岸形成了神奇的海蚀秘境，岛上有海蚀、海积、熔岩等自然天成的绝妙景致。

在距离北海市区50千米的洪潮江水库，大大小小1026个岛屿宛如一颗颗璀璨的星星，撒落在方圆600平方千米的绿水碧波上，星岛湖因此得名。星岛湖气候宜人，湖区四面青山环绕，各个岛屿相依相偎，湖水清澈碧绿、冬暖夏凉，乘船穿梭其中，水道幽深，峰回水转，别有一番情趣。别看星岛湖表面上温温柔柔，秀气美丽，这里还是"好汉聚义的水泊梁山"——中央电视台拍摄《水浒传》的外景基地。

位于北海市区的北海老街始建于 1883 年，全长 1.27 千米，沿街中西合璧的骑楼式商铺挨户相连。这里曾是北海最繁华的街市，南来北往的商客聚集在这里交易，街道内可以看到当年的商号、教堂、药店等等，以及与老百姓日常生活有关的水井、餐馆和邮局。如今的老街虽已褪去往日繁华，但每年仍有许多游客蜂拥而至。冬日的午后阳光慵懒，尤其适合坐在老街糖水店里点上一碗糖水，坐到日渐西沉，漫步穿过老街到外沙岛看看夕阳，吹着轻柔的海风，心也变得柔软了起来。

说起北海市的美食，那可真是数不胜数：海鲜干货、香山鸡嘴荔、沙蟹汁、海鸭蛋、贝雕、角雕、涠洲岛火山蕉、海鸭蛋黄酥、老街虾饼、公馆扣肉、营盘海猪肉、南康水籺、南康萝卜糕、侨港叉烧包、卷粉、蟹仔粉、糖水、炒冰……

景色美、食物鲜、气温适宜，借助"中国避寒宜居地"的品牌效应，北海市将充分发挥生态气候、海洋资源和"海上丝绸之路"文化优势，推动环境保护、气象服务和城市产业深度融合，致力于打造冬季旅游产品体系，推动文旅产业升级。

北海市街景　摄影：覃潇潇

海蟹　摄影：覃潇潇

涠洲岛的东南西北风

陈凤娟　李华杨　李侣推

中国最美海岛之一涠洲岛鸟瞰　摄影：吴志光

涠洲岛位于广西壮族自治区北海市北部湾海域中部，北临北海市，东望雷州半岛，东南与斜阳岛毗邻，南与海南岛隔海相望，西面面向越南。它是一个四周环海的火山岛，地处南亚热带季风区，全年气候宜人、热量丰富、降水丰沛。涠洲岛享有得天独厚的气候条件，冬季盛行偏北风，夏季盛行偏南风，游客在不同的季节来涠洲岛一游，都会有不一样的体验。

每年3月前后，当海上的东风逐渐吹起，空气中带着温暖的气息时，涠洲岛的春天便到了。盛行的东南风用从西太平洋带回来的"手信"——水汽，滋润着小岛万物，如同一只温柔的手拂过岛上的庄稼地、草莓园、香蕉林。在盛行东南风的影响下，4—5月涠洲岛阳光和暖、雨量适中，平均气温在25℃左右，月平均日照时数有191.6小时，是游玩踏青的好时节。"一年之计在于春"，这个时期海里的鱼儿们逐渐活跃了起来，渔民们经过休养又开启了新的捕钓生活。春天是捕鱿鱼的日子，晚上更是最佳时机。在看不到月亮和星星的夜晚，总会见到海上亮起的盏盏渔灯。渔民们在船上打着渔灯，吸引海里游弋的鱿鱼循着光源一窝蜂地钻进渔网，运气好的时候，一晚上能收获几百斤。刚捕上来的鱿鱼肉质鲜美，还有淡淡甜味。拇指肚大小的鱿鱼仔，扔进烧开了海水的锅里一焯，便是老渔夫最适口的下酒菜。除了捕钓鱿鱼，春季"赶海"也是海边居民特有的生活方式。退潮时海水快速退去，贝类海鲜行动迟缓，便被搁置在了沙滩上，此时岛民们穿戴好装备，拿上铲子小桶，到海滩上挖蛤蜊、海蟹，一次装一小桶，提回家便又得到一锅上好的海味汤。

进入6月，海上西南风开始唱响主旋律，宣告着涠洲岛的夏天正式到来。6—9月的涠洲岛，平均气温28.6℃，虽然处在亚热带，但气温在35℃以上的酷暑日，平均每年只有0.1天，夏天想到海边度假，来涠洲岛准没错。此时的涠洲岛平均海水温度接近30℃，非常适宜海水浴，而且美食多多，有清甜的香蕉、味甘汁多的木瓜、香气四溢的波罗蜜，还有各式各样的糖水甜品。夏季的涠洲岛地区受赤道辐合带（热带地区主要的大尺度天气系统，对热带地区的天气变化影响极大）的影响，西南大风和台风活动频繁。涠洲岛出现8级以上大风日数年平均为29.1天，7—9月是一年中大风出现的高频期，其中以7月最多，平均为3.5天。在夏季风盛行的时节，"西南大浪拍岸堤"是涠洲岛上一大景象，老码头附近经常出现海浪拍打岸堤的美景：一层层浪涌上岸，高四五米的浪花白得耀眼。到了海上，西南季风更是"张牙舞爪"，岛上流传着一句俗语"西南浪花白，东南浪骨涌"，形象地表现了季风下海浪的威力。万不可小瞧这西南季风，登船前一定要做足防晕船的准备。当北部湾受到西南大风或台风影响，海上阵风达到7级或以上时，客船便不适宜出海，往返涠洲岛的航班将会停航。因此，夏季计划赴岛旅游时需多关注当地的天气预报和航班信息，出行避开大风日或台风日。

当太阳从北半球回到赤道，空气中的酷热开始消退，涠洲岛的秋天来了。涠洲岛的秋天一般从9月末10月初开始，在一个多月的时间里，夏季盛行涠洲岛的西南风慢慢转为东南风，再逐渐由东北风所控制。秋季的涠洲岛舒适宜人，平均气温24.9℃。虽然偶尔会有热带低压拜访，但大部分时间都是以晴天为主，平均月日照时数为212.2小时，仅次于夏季。由于受东北风控制，能见度较好，岛上及海上视野开阔，风景尽收眼底。这个季节是欣赏涠洲岛晚霞的最佳时机。傍晚的海滩，夕阳从海平面落下，晚霞如玫瑰绽放般绚烂，退潮的沙滩也染上了鲜艳的色彩。置身于此，一时竟不知是漫步在柔软的海滩上还是身处云端，凉风习习，好不惬意。云清气爽的秋天也是品尝海鲜盛宴的季节，菜市上到处都是刚捕捞上来的鲜活海产品，有巴掌大的海螺，有弯着腰弹游的皮皮虾，有色彩斑斓的热带鱼，还有那肥得坠手的螃蟹。琳琅满目，价格"美丽"。其中最引人回味的当然是那肥美的花蟹，鲜嫩的蟹肉和弹牙的蟹膏都是人们的最爱。

日历翻到 12 月，当阴天取代了阳光，灰色的海面上掀起了白浪，这便是北风将冬天带到了涠洲岛。冬季是涠洲岛平均风速最大的季节，受地面冷高压的影响，北风带来较干的冷空气，降水偏少。也许你会认为冬季不适合旅游，但是涠洲岛冬季平均气温 16.3℃，如果你想要暖和地过冬，远离都市的喧哗或者春节度假，这里也是不错的选择。岛上美丽的景色、美味的海鲜、淳朴的民风和惬意的生活节奏，可让你更好地享受生活。冬季至春季是广西北部湾雾的多发季节，涠洲岛年平均大雾日数多达 18.4 天，主要集中出现在 12 月至翌年4 月，其中又以 2—3 月出现得最多。冬春交际，南方的暖湿空气与北方南下的弱冷空气相互交融，雨雾如舞女的面纱，又如她的霓裳，此起彼伏的火山岛就是她那曼妙的身姿，远处船上折射的灯光似迷离的眼睛，仿佛诉说着什么。

涠洲岛——这个被誉为"海上香格里拉"的地方，"蓝天、白云、大海"是岛上的标配，"香蕉、仙人掌、海鲜"是岛民的食谱。南湾鳄鱼山、五彩滩、石螺口、滴水丹屏等，则向人们展示着大自然的鬼斧神工，连明代著名戏曲家、文学家汤显祖都忍不住留下"日射涠洲郭，风斜别岛洋"的赞美。在汤翁台上，汤显祖像背靠青山、面朝大海，见证着涠洲岛的四季交替。涠洲岛的东南西北风，让涠洲有了不一样的春夏秋冬。

彩迎晨光（涠洲岛五彩滩岩石）　摄影：陈设广

四季各异的德天跨国瀑布

覃志婉　计凤妮

德天之夏　摄影：覃志婉

大自然的神奇造就了各种奇异的自然景观，瀑布就是其中之一。位于广西壮族自治区崇左市大新县的德天跨国瀑布，因其特殊的地理位置和阴晴雨雾四季各异的优美风姿享誉世界，每年会吸引数百万来自国内外的游客。

德天跨国瀑布位于中国与越南边境线上，是亚洲第一、世界第四大跨国瀑布。在这里不仅能体验一脚跨两国的奇妙感受，还能与越南商贩购物、交流，体验浓郁的异国风情。瀑布起源于靖西市的归春河。归春河因流入越南又回到祖国的怀抱而得名，其河水在大新县被浦汤岛拦腰"抱"住，顺山势跌落，形成了与越南一侧板约瀑布相连的德天跨国瀑布。

由于四季气候和水量的不同，德天跨国瀑布也显现出不同的风姿。春天的瀑布虽然水量不大，但此时气候宜人，春暖花开、草木泛青，与洁白的瀑布构成了一幅清新的春之画卷。夏天因降雨量大，瀑布激流滚滚倾泻而下，远闻声如雷，近观又享水雾"浸润"，清凉无比，此时正值最佳观赏期，许多人在这里赏瀑避暑，因此游客量较大。秋天的瀑布虽然水量慢慢变少，但此时的河水最为清澈，瀑布就像一袭秀绢垂挂山间，与两岸金黄的稻田相映，令人陶醉；冬天的瀑布水量最少，数缕纤秀的水流悠然飞落，虽再无春之苍翠、夏之轰鸣、秋之丰盈，但却有冬之静美，仿佛进入一个幽雅闲适的人间仙境。

都说"不经历风雨怎能见彩虹"，但在德天跨国瀑布，不论春夏秋冬，在水汽较大的晴朗天气里，阳光照射在瀑布上，都能映射出美丽的彩虹。想要捕捉这一刹那美景，摄影爱好者需要提前掌握气象信息。

德天跨国瀑布的美还吸引了许多影视剧组，热播电视剧《花千骨》就曾在这里取景拍摄，还有《冯子材》《牛郎织女》等诸多影视剧及综艺节目在此拍摄。德天跨国瀑布景区是国家 AAAAA 级旅游景区，被评为国家生态旅游示范区，是"广西边关风情旅游带""广西中越边关探秘游"的龙头景区。

黄姚古镇的千年诗篇

毛琪　黎馨

广西壮族自治区贺州市昭平县黄姚镇——一个兴建于明朝万历年间、鼎盛于清朝乾隆年间的千年古镇，属于南亚热带气候，海拔 208 米。古镇在挺拔的姚峰和一座座喀斯特地貌的石山下，镇外奇峰耸立，镇内古木森森，被小珠江、姚江和兴宁河这三条蜿蜒的河流所环绕。

黄姚地处岭南，受南海季风槽带来的西南气流影响，夏季高温多雨。古镇四面有山，背山而建，利于挡风和采光，傍水而居，可以利用地势蓄水，利于防洪抗旱，种植作物。先民因地制宜，将镇内建筑按九宫八卦阵势布局，房屋多以青砖瓦房为主，这种设计利于通风采光。

古镇的先民在民居选址和建筑设计上依据了自然环境与气候特点。黄姚年平均降雨量为 1770.1 毫米，降水主要集中在 5—6 月，为了避免汛期发生过强的洪灾，古镇在防水设计上十分用心：三面环河道，河道排水，岩溶地貌防水，三条主要河道都是径流量较小的次级支流，因此不易发生自然水灾；镇内建筑设计很讲究，巷、街节点处都为丁字口，有利于缓解暗沟的排水压力，青石板铺砌也便于防水，加上民居入口方向设檐挡雨，相邻的住宅通过共墙相连使山墙防雨，所以从综合设计来看，古镇都不易积水内涝，防水特征明显。

石跳桥是黄姚古镇中最具特色的桥，由 31 个石头墩子排列而成，石墩间距按人行走步伐排列，既方便行人，又不影响泄洪。带龙桥则是黄姚 15 座桥梁中最大的一座，除了供行人来往，桥面用腰型铁块连锁的石板还能在发洪水时作分洪之用，好莱坞电影《面纱》曾在此取景。

黄姚古镇圆形拱桥 摄影：董州

　　仙人古井中的泉水常年翻腾而涌，无论多旱多涝，始终保持不变。妇人们聚在这里洗菜洗衣。古井水极为清澈，布局与一般的井完全不同，它不是圆圆的泉眼，而是由几座方池相连，从泉眼流出的水先供饮用，然后再依次进入洗菜池、洗衣池，最后汇入河中。

　　古镇以樟树和榕树为"风水树"，有数百年甚至上千年的古树。黄姚夏季太阳辐射强，姚江边的古榕树根深叶茂，雨季时洪水在它身躯底下奔腾而过，炎热时它撑着巨伞为人们庇荫纳凉，村民在榕树下围坐石墩欢歌笑语。姚江穿过石山峰丛，村庄、古宅、老树点缀其间，一幅世外田园景象呈现眼前。

　　黄姚古镇，不需刻意的点染，便有浑然天成的美。小桥流水，亭台楼阁，赋诗楹联，书画牌匾，一座黄姚古镇，就像是一部完整的桂东民居文化史。古镇内，山与水，桥与亭，民居与街巷有机结合，镇内完整地保存着明清古建筑300多座、青石板街8条、亭台楼阁十余处、寺观庙祠20多座、特色桥梁11座、楹联匾额上百幅。

漫步在桥头亭外，轻声吟读文人心迹，在古道上脱掉鞋子光着脚，踏在光滑厚重的青石板上，看着小巷两旁游客进出的商铺，可以想象明清时期这里的繁华喧嚣，同时也感受到文化堆砌的浓厚气息。沿着石板街走上拱桥，看着一草一木，一砖一瓦，听着桥下潺潺流水声，眼前出现的是一幅青绿色的山水画卷，自有一番坚实、古朴而又迷人的意境。

走在黄姚的大街小巷，不时能闻到从街头巷尾飘来的阵阵酱香，这些酱香的源头多是门店前一个个小缸里的豆豉酱、辣椒酱。

黄姚豆豉选用黄姚镇特有的黑豆制作而成。黑豆是喜温作物，黄姚全年平均气温20.2℃，适合黑豆的植株生长发育。秋季的黄姚白天温暖、晚间凉爽，有利于同化产物的积累和鼓粒。优越的地理气候条件，适宜大豆作物的生长，又为黄姚豆豉的生产提供了充足的原料。黄姚豆豉炊浸洗豆时俱利用仙井泉水，加上当地人古老独特的制作工艺，制作出来的豆豉透心柔软、色泽鲜黑油润、颗粒完整、香甜无异味。黄姚豆豉在清朝时曾被列为贡品，目前是中国地理标志保护产品。

走累了，坐下来花几块钱便可吃到地道的豆豉米粉。食材简单却如此美味，豆豉的香味在唇齿间弥漫，配上店家自泡的昭平绿茶，带给味蕾极致的享受。不仅是当地人爱吃黄姚豆豉，来黄姚玩的游客都对它独特的风味赞叹不已，带走一瓶黄姚豆豉，已成为"到此一游"的标配。

黄姚古戏台建于明万历初年（1573年），是广西现存装饰最美、保存最完好的古戏台。驻足于此，似乎隐约可以听到铿锵的铜鼓声。戏台两边亦有楹联："锣鼓喧天，管弦悦耳，共庆清平乐；霓裳漫舞，羽曲高歌，齐呼可以兴。"

黄姚就如同千年诗篇，历代文人墨客也留有赞咏黄姚诗词100余首。在中国的革命史上，黄姚也有着浓墨重彩的篇章。抗日战争后期，黄姚被定为敌后根据地，高士其来了，欧阳予倩、莫乃群、千家驹来了，何香凝也来了，他们演话剧、办中学，还办起了图书馆和《广西日报》，发出了抗战的强音。黄姚还是抗日战争后期中国共产党广西省（今广西壮族自治区）工作委员会所在地，在时任工作委员会书记钱兴的带领下，黄姚成为广西坚强的革命斗争堡垒。现在，革命烈士留下的遗迹遗物成了实施革命教育和爱国主义教育的珍贵资源和生动教材。

　　站在桥上，看向水里，水面清明如镜，低头仿佛可以看见内心深处最真实的自己。时间总会流逝，岁月自会如歌，但黄姚淳厚的质感让人感觉不到时光的流逝，不自觉停驻在此刻的美好之中。

　　夜色悄无声息地降临，黄姚的夜晚静谧安宁，斑驳的砖墙上印着灯笼昏黄的光芒，褪色后的红砖青瓦——这是古镇最纯粹的色彩，这是一种源于时间深处的静美。

　　黄姚如梦，梦如黄姚，古镇在夜深中沉睡，沉睡在如洗的年华里，令人不舍睡去，只想静静地享受这份宁静与祥和的月色。

黄姚古镇

玉石林探秘

曾涛

你见过全部由白色石头组成石林吗？在广西的东北部，就有这么一处石林——贺州石林。贺州石林其石色白如玉、景观奇妙，称得上是石林家族的"奇葩"。

贺州石林的岩石绝大多数是由灰岩或白云岩所构成的，是我国唯一的由大理岩构成的石林。质纯色白的大理岩习称"汉白玉"，因此，贺州石林就被冠以"玉石林"的美名了。放眼望向玉石林，石芽石笋，洁净如雪，石峰石柱，坚贞如玉。人们往往不相信自己的眼睛——在祖国温暖的南疆，却出现了一座"冰雪女王的宫殿"，整座宫殿仿佛是由雪和冰修筑而成的，似乎常年被冰雪覆盖，一片白雪皑皑、晶莹剔透。这里似乎与远隔万里的昆仑山结下了千年的情愫，"雪"永远下不完，"冰"冻住了一切。

玉石林景区面积 25 公顷，总游览路程约 13 千米。景区中有几处天然平台，站在平台上，环顾丛丛石峰，如簪似玉，绿树清流点缀其间，更显得气象万千，生机勃勃。观赏景点有"石（时）来运转""玉石迎客""石砦三峰""仙羊回头"等百余处。有些景点极具特色，如位于核心区的"雪原玉柱"，是柱状石林和锥状石林发育最好的区域，整体呈纯白色，石柱表面清洁光滑，可清楚见到岩层、溶痕等现象，地质专家称，这是研究石林发育过程和土下溶蚀机理的不可多得的地区。再如"一线天"，高约 80 米，长百余米，其底部宽度最窄处只有约 0.6 米，仅容一人通过。行人在狭窄陡直的岩壁之间穿行，往往需侧身前进，从沟底抬头仰望，只见上方窄窄的一线天空，可谓名副其实。

贺州石林既是一份弥足珍贵的自然遗产，也是一笔源远流长的人文财富。早在 2000 多年以前的汉代，封江（现贺江）流域一带文化就相当发达，其文明程度甚至高于附近的桂林和广州。贺州石林也因此留下过许多历史名人的足迹，如隋末唐初的贺州神奇秀才陈元光，中唐时期的岭南第一状元莫宣卿，宋代名将岳飞、理学泰斗周敦颐，明朝的封阳传奇秀才黎兆等都到过石林。

站在玉石林前，人们不禁会唱起那首老歌"精美的石头会唱歌"。读懂这些石头，就如同打开一扇智慧之窗，探望这扇窗口，我们不能不感怀于自然与

玉石林　摄影：曾涛

文化的瑰丽与神奇。

　　玉石林的形成有以下三个过程。

　　首先，由石灰岩蚀变成大理石。当地的晚古生代泥盆纪厚层灰岩，在中生代燕山期花岗岩（姑婆山岩体）侵入的热力作用下，由石灰岩蚀变成大理石及少量的矽卡岩。地质演变还形成了矿脉，主要成分包括锡石、赤铁矿、脉石英及铅锌矿。

　　其次，在地下形成石林。玉石林在气候上属南亚热带湿润季风气候，四季分明，夏季炎热，冬季温和，年平均气温 19.9℃，年平均降水量 1535 毫米，故有高热量、丰沛雨量，有较高的森林覆盖率。这种气候、植被条件，为水的侵蚀及生物的生化作用提供方便，最终形成埋藏于铁帽（硫化物矿床在地表氧化带的残留部分）和风化红土中的大理石石林。

　　再次，人工开采让深藏不出的玉石林破土而出。宋代以来，贺州经历了长达近千年的锡矿开采。人工开采使区域内地层峰丛间石芽裸露、奇峰突兀，石笋石柱、地槽漏斗、狭缝密布，成就了"千年骆驼""空中走廊""一线天"等众多的奇异自然景观。这种经后期人工开挖出来的大理石类型的石林，在国内独有，世界上也少。

　　玉石林不仅是旅游观光的圣地，也是探索科学奥秘的场所，让我们走进玉石林去领略大自然的奇妙吧！

富川：探寻瑶乡宜居魅力

毛琪 古意瑾 林丽春

　　富川瑶乡，锦绣山河。这里气候宜人，风景秀丽，空气清新，水源洁净。这里有古树名木、特色桥梁、文化古城、湿地公园。优异的气候条件、优良的生态环境，孕育了丰富的自然资源，使广西壮族自治区贺州市富川瑶族自治县（简称富川县）成为湘、桂、粤三省通衢上的一颗璀璨明珠。

贺州市富川县龟石国家湿地公园　摄影：董州

气候资源造就宜居环境

富川县位于广西东北边缘的贺州市，地处湘、桂、粤三省交界的都庞、萌诸两岭余脉，四面环山，中间低落，略呈椭圆形盆地，地势北高南低。

气候造就一方水土，富川县各区域地形海拔差异大，地貌丰富多样，气候的垂直特征明显，且雨热同期。这里年平均气温 19.9℃，年平均降水量 1697.5 毫米，年平均日照时数 1424 小时，年平均无霜期长达 358.1 天，年平均相对湿度达 74.2%。人居环境气候舒适度达三级的月份有 5 个月，即 4—6 月和 9—10 月；避寒气候适宜度指数为 70.4，属于三级凉（较舒适）型避寒地，气候较适宜避寒。

"中国天然氧吧"赋能生态旅游

富川县特殊的地理位置、独特的地形地貌、历史悠久的民俗文化，共同孕育出独具特色的生态旅游资源。2020 年，富川县成功创建"中国天然氧吧"。

富川县空气清新、洁净，空气质量优良率超过 93%，年均环境空气质量指数为 56，为优良级。全县设有 4 个固定负（氧）离子监测点，负（氧）离子平均浓度为每平方厘米 2063 个，最高可达每平方厘米 3829 个，大部分区域全年保持在一级标准，非常适宜旅游疗养。

根据度假旅游指数评估，富川县全年 12 个月都适宜旅游。其中，10 月度假旅游指数等级为特别适宜，这个时期雨日、雨强和雨量都较小，温度和云量适中，是一年中最适宜度假的时期。

富川县水利资源丰富，域内多山，植被丰茂，地理和气候环境得天独厚，瑶汉文化、荆楚文化在这里沉淀交融，遍布各地的古道、古村是先辈留下的宝贵财富，见证了富川县历史的更迭、文化的变迁以及经济的发展，也承载着游子的乡愁。

富川县全县有 50 个瑶族传统村落，其中秀水村、福溪村、石枧村等被列入"中国传统村落名录"。秀水村位于富川县西北部的朝东镇，属于亚热带季风气候，年平均气温 19℃，年平均降水量 1700 毫米，年相对湿度 75%。喀斯特地貌造就了其山碧水清的景色，有"小桂林"之美称。这里人杰地灵，曾出过 1 名状元和 26 名进士，又被称为"状元村"，是桂东乃至全区知名度较高的旅游景点。

富川县 2014 年被评为"中国长寿之乡"，2015 年顺利通过认证正式加入国际慢城联盟，成为中国第四个、广西第一个国际"慢城"。

富川脐橙　富川瑶族自治县文体和旅游局供图

瑶乡飘满脐橙香

　　"一年好景君须记，最是橙黄橘绿时"，富川县冬无严寒、夏无酷暑、雨量充沛、气候温和、阳光充足，优异的气候条件为脐橙生产提供了保障。

　　富川县是广西最大的脐橙生产基地、我国柑橘优势产区之一、国家标准化管理委会认定的国家脐橙综合标准化示范区。富川县脐橙年种植面积超 2 万公顷，占全县水果种植面积的 60% 以上，年产量超 40 万吨，产值超 10 亿元。

　　富川脐橙鲜嫩多汁、香气浓郁。富川县年平均日照时数高达 1424 小时，适合脐橙积累糖分，因此富川脐橙糖分高达 13% ～ 15%，先后荣获由中华人民共和国农业农村部主办的第二届中国农业博览会金奖、中国名牌农产品、中国农产品地理标志等荣誉。

姑婆山：南国『天然氧吧』

黎馨　毛琪

　　姑婆山国家森林公园位于广西壮族自治区东北部贺州市辖区内，地处湘、桂、粤三省交界处的萌诸岭南端，被誉为"南国天然氧吧""瀑布森林公园"。

　　姑婆山地处亚热带季风气候区，夏季高温多雨，冬季温和少雨，太阳辐射强，无霜期长。姑婆山森林公园年平均降水量为2144.8毫米，年平均雨日146天，降水集中在5月和6月，占全年降水量约70%，相对湿度为86%以上，年平均气温17.8℃。

　　姑婆山国家森林公园主峰天堂峰海拔1844米，是贺州第一高峰，地貌类型为侵蚀的褶皱断层花岗岩中山山地地貌。公园内主峰突兀，中部群峰包绕，

姑婆山山顶云海　摄影：孔金花

谝布山泉、溪流、瀑布。姑婆山的森林覆盖率高达85%，林内奇树百出，有各种植物182科1120多种，还有100多种野生动物。

方家茶园坐落在姑婆山国家森林公园中风景优美的半山上，是香港无线电视台电视连续剧《茶是故乡浓》的外景拍摄地。方家茶园历史悠久，名扬海外，所产的茶叶远销国外。方家茶叶是国内茶叶种类中的上品，因为姑婆山有好的气候条件及空气温度和土质等因素，造就了无污染的高山云雾茶——"青山绿水"，是姑婆山特有的一种茶叶，因为生长在青山绿水的环境中，口感特别好，因此成为茶叶的名字。每到采摘季时，你还可以体验亲自采摘茶叶的乐趣。

夏季姑婆山基本无酷暑期，气候凉爽，舒适宜人。冬季姑婆山则时常出现雾凇、积雪等景象。由于山高，山上总是云雾缭绕。云雾时而浓重，时而轻飘，使得山景时而阳光灿烂，时而朦朦胧胧。有时南来的暖湿气流受高山阻挡，易形成小范围的锋面雨，形成"西边太阳东边雨，雨过天晴现彩虹"的美丽景象；有时暴雨之后，山的上部云雾围绕，中部露出奔流而下的瀑布，瀑布与白云连成一体，如天上玉液倾注人间。

姑婆山瀑布　摄影：曾涛

贺州市生态环境适宜居住，目前已成为全国唯一的"中国长寿之乡"县域全覆盖的地级市。据权威科研机构测定，姑婆山负（氧）离子含量最高达每立方厘米15.6万个，姑婆山景区因此被称为华南地区最大的天然森林氧吧。一般情况下，空气负（氧）离子有三种来源：一是瀑布水流在空气中摩擦产生；二是裸露的岩石与空气摩擦产生；三是植物的光合作用产生。姑婆山景区内的水流大、岩石多、树木茂密，占尽了空气负（氧）离子形成的各项条件，环境空气质量达一级标准。姑婆山纯净的空气具备细菌含量低、洁净度高等特点，非常适宜人们在此进行森林保健式空气疗养。

当你厌倦了城市的繁杂和喧嚣，过烦了熙熙攘攘的忙碌生活，你可以走进姑婆山，这里的溪谷、瀑布、山泉、峭石、密林，幽静深邃；这里的水声、鸟鸣、山风、石音、蝶语，天籁如诗。在森林氧吧中品故乡醇酒、方家清茶，徜徉于水乡古街，回归自然，享受淳朴，美哉乐哉。

十万大山：天然中医药基因库

白玉壮

十万大山天女浴池

峰峦叠翠，雄伟挺拔，古木参天，峭壁悬崖，洞府隐没其间，珍禽异兽、奇花名药繁多。山内，流水潺潺，清风拂面，沁人肺腑。山上，气候多变，时而云雾缭绕，林木昏暗，细雨霏霏；时而云散天晴，霞光万道，层林如洗，百鸟欢唱。这里是风光旖旎的游览胜地，也是天然的中医药基因库。今天，我们带大家一起走进这片人间仙境——十万大山。

很多人听到这个名字，可能会想：十万大山，难道真的是由十万座大山组成吗？其实，十万大山的"十万"是南壮方言"适伐"的记音，"适伐大山"的意思其实是"顶天大山"。十万大山东起广西钦州市，西至中越边境，分布于钦州市、防城港市、上思县和宁明县等地，呈东北—西南走向，长100多千米，宽30～40千米，总面积达2600平方千米。

十万大山作为广西南部重要的气候分界线，它的南坡处于迎风坡地带，地形的抬升作用导致沿海地区降水量丰富，如那良镇年降水量多达3884毫米，是广西年降水量最多的地方之一；而北坡处于背风坡，年降水量较少，只有1200～1300毫米，相当于那良年降水量的30%。也正是由于十万大山的影响，让防城港市成为全国的暴雨中心之一。同时，由于十万大山的屏障作用，南坡冬季特别温暖，寒害轻，为广西发展热带作物最理想的地方；而北坡明江谷地，寒害相比南坡而言略重。根据气候资料分析，以十万大山南麓为界，防城港市分为北热带和南亚热带两个气候区，北热带气候暖热、长夏无冬、降水充沛，积温≥8000℃，热量资源丰富；南亚热带温差大、夏长冬短，降水较充沛，积温6900～8000℃，热量资源较丰富，光照充足，适宜发展农林牧果业和土特产。

正是由于这些得天独厚的自然优势，2019年5月，国际医学创新合作论坛在防城港市举行，之后又规划筹建了国际医学开放试验区，加大了对防城港市医学创新开放的合作力度，将使防城港市得天独厚的自然优势发挥更大的作用。

为了贯彻落实习近平总书记关于"支持在防城港市建设国际医学开放试验区"的指示精神，突出做好防城港市国际医学开放试验区规划和建设的气象服务，根据所处的区位特点，结合防城港市经济社会发展大局和气象工作实际，当地气象部门完成了气候资源分析，开展了农业气候区划研究。

身处十万大山中的热带植物数不胜数，国家一级、二级保护野生植物种类繁多，其中属中国大陆新记录的有4种，广西新记录的有10种。昆虫的种类更是丰富，已定学名的有 23 目 169 科 719 种，其中有新属 1 种，新种 27 种，特有昆虫 27 种，珍稀昆虫 33 种。其中受气候影响最典型的莫过于玉桂和八角这两种中药材了。据了解，广西最大的八角和玉桂生产基地也落户在这里，它们的产量占到广西的三分之一以上。

八角是经济价值很高的经济林树种，它的果实也叫八角，为著名的调味香料，也供药用，有驱虫、温中理气、健胃止呕、祛寒、兴奋神经等功效。八角的果皮、种子、叶都含芳香油，是制造化妆品、甜香酒、啤酒和食品的重要原料。八角是广西传统的出口创汇土特产品。种植八角所需的气候条件极为苛刻，热量条件、水分条件、光照条件、地形和海拔高度缺一不可。八角适宜生长在冬暖夏凉的山地气候，要求有丰富的雨量，相对湿度 ≥ 80%。十万大山海拔 100 ~ 700 米的山区是八角的最适宜种植区，这里温光充足，雨量充沛，夏无酷暑，冬无严寒，山峦叠嶂，经常有云雾笼罩，空气湿润，为八角生长提供了极为有利的气候条件。同样，种植玉桂所需的气候条件在十万大山也得以体现。玉桂是我国常用名贵中药，位列"参、茸、燕、桂"四大补品之一，也是重要的食品和香水香料，具有极高的经济价值和药用价值，产业开发前景广阔，桂皮、桂油及玉桂加工产品远销欧洲、美洲、亚洲 40 多个国家和地区，已成为山区百姓增收的重要来源和出口创汇的主要特产。通过对防城港市热量、水分、光照和气象灾害分析，结合地理信息开展玉桂农业种植气候区划研究发现，十万大山南侧海拔 100 ~ 600 米的山区属于玉桂生长的适宜区，该区域受气象灾害影响相对较少，无霜期长，低温日数偏少，月平均气温偏高，降雨丰沛、湿度大，水热条件、地形地貌及土壤条件最适宜玉桂的生长。但是，十万大山也存在一些不利的气候因素，如某些年份出现低温霜冻、连续阴雨和干旱等气象灾害。因此，在八角、玉桂生长发育过程中，要结合天气预报预测，制定相应的防御策略。

同样，在防城港市辖区内的国家级金花茶自然保护区，面积 9156 公顷，1986 年建立自治区级自然保护区，1994 年晋升为国家级，主要保护对象为金花茶及其生态环境。

十万大山气候独特，自然资源得天独厚、种类繁多，旅游资源也十分丰富。随着防城港市国际医学开放试验区和国家边境旅游试验区的建设，十万大山将迎来新的历史机遇。

金滩：美丽的『黄金姑娘』　白玉壮

晨光渔影（东兴市万尾金滩）　摄影：韦坚

　　金滩，位于广西壮族自治区防城港市东兴市万尾岛上，地处热带季风性气候区，有 10 千米长的海滩，集沙细、浪平、坡缓、水暖于一身，海水清澈无污染，是广西继北海银滩之后的又一滨海旅游热点。

　　东兴市酷热天气较少，沿海地区最高气温超过 35℃ 的高温天气年平均日数 3.5 天，其中，7 月最多，为 1.6 天，夏季其他月份（6 月、8 月）少于 1 天，10 月到翌年 5 月无酷热天气；北部地区最高气温超过 35℃ 的高温天气年平均

东兴市万尾岛金滩　摄影：韦坚

日数较沿海偏多，为 20.9 天，高峰出现在 7 月，年平均 6.6 天。酷热寒冷天气少，夏无酷暑，冬季温暖，金滩作为标志性的旅游胜地，也可谓名副其实。

万尾金滩是位于东兴京族三岛的绵长海滩，因沙质金黄，日落时分在阳光的照耀下显得金光闪闪而闻名。金滩之沙金黄、细腻、绵软，纯天然的沙滩延绵数十里，站在金滩上，迎着海风，隔着蔚蓝色的海水，可以遥望越南海景。每当潮水退下，湿漉漉的十里沙滩上，潮纹隐现，珠玑遍地，各种各样的海滩动物纷纷"崭露头角"，大大小小的螃蟹横行无忌。在这里，常常能见到头戴金色葵叶帽、身穿彩衣的京族妇女身影。她们集中精力，弯腰注视，一看便知道海沙底下是否隐藏着沙虫，紧接着，飞快地将铁锹一插一翻，沙虫便手到擒来，整个过程一气呵成，动作十分利索。

海滩上有一种风蟹，俗称"沙马"，营养价值极高，有"一只沙马一只鸡"之说。沙马挖沙洞而居，洞口有一堆松沙，它的洞曲来弯去，有时挖几下即不知洞道所向。而且，沙马跑得极快，追捕沙马是极绝的沙滩运动。

万尾金滩上风平浪静，宜于玩海；远处水天一色，舟帆点点，大可入画；岸边有长达数十千米的环岛大堤，沿堤遍植林木。漫步林中，清爽宜人，别具情趣。

这里沙滩平缓，海水清澈，更为宁静与原生态。游玩万尾金滩一般选择下午 4 点到 6 点，这个时候可在沙滩上散散步，或者乘坐渔船出海，享受海上美景与惬意时光，然后在夜幕降临前欣赏那金色绝美的海上日落。

东兴：广西『雨极』

黄姿娜

东兴市南山聪皇沟　摄影：韦坚

广西壮族自治区防城港市东兴市位于我国大陆海岸线最西南端，因兴起于北仑河东岸而得名，与越南北方最大的经济特区芒街市仅一河之隔，是中国与东盟唯一海陆相连的口岸城市。受大气环流和地理环境的综合影响，东兴市还是广西的暴雨中心之一，因其年平均2800毫米的降雨量而被称为广西"雨极"。

从世界范围来看，全球的雨极在喜马拉雅山南麓的印度辖区内，中国的雨极在台湾东山脉东坡的火烧寮，这些地方都位于紧靠海洋的山脉迎风坡。饱含水汽的暖湿气流源源不断从海面输送过来，受山脉的阻挡，气流被迫上升，气温下降，水汽凝结形成降雨，雨极由此形成。

东兴市地处广西南部十万大山的南麓，总体地势北西高，南东低，由西北向东南倾斜。年降雨量的分布则是从东南沿海向西北山区逐渐递增，到马路、江平山区一带达到高峰。暖湿气流来自南边北部湾海面，当这些暖湿气流输送过来时，遇到十万大山的阻挡，被迫沿山体的南坡爬升，气流的温度不断下降，其中所含的水汽发生凝结，便形成降雨，使得这里成为广西降雨最多的地方。雨极中心地带——东兴市那梭镇年平均降水量达到3700毫米。

东兴市季风气候十分明显，干季和湿季降雨存在明显差异。每年11月至次年3月为干季，受北方冷气团影响，降水明显偏少，月平均降雨量均在100毫米以下，但由于十万大山的屏障作用和海水的调节作用，东兴市冬半年天气明显比临近的防城港偏暖，成为与右江河谷齐名的广西暖区之一。4—10月为多雨季节，受南方海洋暖气团影响，降雨明显偏多，雨量占全年降雨量的90.8%。6—8月为东兴市全年降雨的高峰期，平均每月降雨量在450毫米以上。年平均暴雨日数约为15～16天，全年每月均有可能出现暴雨，一般是连续2～4天。

东兴市属南亚热带季风区，四季气候温和，全年无霜冻，平均气温22.4℃，土地肥沃、阳光充足、雨量充沛，很适合亚热带农、林经济作物的种植，是富庶的鱼米之乡，盛产稻谷、花生、甘蔗、红薯、桑蚕等。同时，这里拥有丰富的林业资源，拥有世界三大红树林示范保护区之一——北仑河口红树林保护区，以及京岛风景名胜区、屏峰雨林公园等国家AAAA级旅游景区。这里亚热带水果种类繁多，主要有柑橘、龙眼、荔枝、菠萝、芒果、香蕉等，为发展罐头食品工业和饮料工业提供了可靠的保证。

南国之丹

陈雪华

广西壮族自治区河池市南丹县地处云贵高原南麓，桂西北丘陵一带。南丹县历史悠久，因其所产的朱砂（丹砂）进贡朝廷，又地处南方，故称南丹。

南丹是一座颇具风韵的山城，是历史上的"兵家咽喉要地"，是宋代盛产朱砂之地，还是广西"狼兵"的发源地。南丹气候独特，属中亚热带山地气候，年平均气温16.9℃，年平均降水量1470.2毫米，年平均无霜期307天。冬无严寒，夏无酷暑，雨热同季，山清水秀，四时如春，是避暑、旅游胜地。

说到南丹，大家都知道它矿多，山也多，"南丹仙境"的赞誉由来已久。徐霞客游历南丹时，在游记中写道："田陇盘错，自上望之，壑中诸陇，皆四周环堘，高下旋叠，极似堆漆雕纹""壑皆耕犁无隙，居人亦甚稠，所称巴坪哨，亦一方之沃壤也"，描绘了南丹县巴平村田园的如画风光。

家乡的美酒敬亲人　摄影：陈雪华

传承白裤瑶服饰
的刺绣工艺
摄影：陈雪华

南丹县总面积 3916 平方千米，辖 8 镇 3 乡，常住人口 32 万人，有壮、汉、瑶、苗、毛南、水、仫佬等 23 个民族。享有"中国有色金属之乡""中国锡都""中国白裤瑶之乡""中国千年土司之乡""中国长角辣椒之乡""中国瑶鸡之乡"等称号。其中，"中国白裤瑶之乡"的称号最为引人关注。

白裤瑶是瑶族大家庭中的一个特殊支系，其总人口约 4.5 万，被联合国教科文组织认定为民族文化保留最完整的一个民族。其中，南丹县里湖瑶族乡的白裤瑶占其人口总数的 67%，是全国白裤瑶分布最集中的地方，因其男子长年穿着及膝的白色裤子而得名。2006 年，白裤瑶服饰被列入国家级非物质文化遗产名录。

"及膝白裤，背绣大印"，是白裤瑶服饰的概括。白裤瑶男人服饰最独特之处"白裤"，裤长仅过膝，用蓝布条锁口，正面裤脚上绣有五条红线绣织的红边，形似五指，相传是瑶王与外族争战时留下的血手印，也是民族图腾的标志。衣服对襟，圆领背开一小叉，有的襟底镶白裤瑶特色花边。白裤瑶妇女穿齐膝百褶裙，裙边绣红线，裙面为蜡染的淡红色环形图案。女上身穿挂衣，挂衣没有衣袖，胸前和背后各一块黑布，仅在肩膀处由两个黑色布条连接，背绣图案"瑶王印"，上边刻录着上古文明历史，是瑶民引以为豪的珍宝。

至今，白裤瑶仍保留着原始而独特的民族文化风情，被誉为"人类文明的活化石"。他们保留了原始的奇特婚俗、葬礼等，其中，"五不通婚"和击鼓砍牛等送葬之习俗举世闻名。因其具有狩猎传统，他们也是我国仅有的两个可以合法持枪的民族之一（另一个是贵州省的岜莎苗族），但只能在村寨内向游客演示。白裤瑶有四大古老乐器——铜鼓、竹铜鼓、牛角和喇利，其中铜鼓是他们最崇拜的"神器"，也是财富和权力的象征。在白裤瑶的习俗里，最隆重的当属"年街节"，也称"赶年街"，在农历正月十五前后的第一个赶圩（街）日举行。在这个传统节庆里，白裤瑶群众集聚举行祭祀神庙活动，以告别一年的劳作，祈祷来年风调雨顺。

世界遗产 多彩毛南

谭花妹 刘庆华

　　广西壮族自治区河池市环江毛南族自治县（简称环江县）是一块神奇而古老的土地，土地宽广，资源丰富，是毛南族的世居发祥地，也是中国唯一的毛南族自治县，县内居住着汉、毛南、壮、苗、瑶、仫佬等13个民族。环江县地处中国南部，广西西北部，云贵高原东南麓，属中亚热带季风气候区，具备四季分明、气候温和、适宜避寒等养生气候特征，全年降水丰沛，气候湿润，光照充足，轻风绕人。

明伦镇八面村牛角寨七仙女瀑布　环江毛南族自治县委宣传部供图

下南乡景阳湾
环江毛南族自治县委宣传部供图

长美乡中洲河
环江毛南族自治县委宣传部供图

环江县辖区内空气清新、洁净，根据监测，环江县负（氧）离子平均浓度为每立方厘米 2335 个，大部分区域全年保持在一级标准以上；空气质量优良率 97.3%，年均空气质量指数（AQI）为 48.8；森林覆盖率为 78.39%，远超广西和全国平均水平。人居环境气候舒适月份为 4—6 月和 9—11 月，这时，各监测点各月平均负（氧）离子浓度基本都在全年平均水平以上，平均负（氧）离子浓度为每立方厘米 2548 个，高于全年平均水平，此时来到环江县观光旅游，可以呼吸到最为清新、洁净的空气。

2020 年，环江县积极开展"中国天然氧吧"品牌创建工作，2020 年 11 月被中国气象服务协会授予"中国天然氧吧"称号，成为河池市首个获此称号的县。

环江县不仅是养生好去处，还是旅游观光的不二之选。这里有如诗如画的长美风光、气势磅礴的龙潭瀑布、建筑精美世间罕见的毛南族古墓群，还有下庙旅游度假山庄、大才神龙宫、下兰姻缘洞、川山瑞良旅游区、明伦北宋牌坊等诸多各具特色、美不胜收的景区、景点。你还能看到粗犷豪放的毛南木面舞和欢乐轻快的苗族姐妹舞，以及多种珍稀濒危的动植物。环江县还有驰名中外的土特产品香猪、香鸭、香牛、香菇、香粳"五香"食品，其中环江县香猪是国际贸易中的优质畜产品，远销海外。环江县的砂糖橘、红心柚、沃柑、珍珠李被中国绿色食品发展中心认定为绿色食品 A 级产品，金果、食用油被认定为有机产品。

除了"中国天然氧吧"称号，环江县还曾获得"世界自然遗产""毛南民族文化发祥地""国家级生态示范区""国家重点生态功能区""中国兰花之乡""全国绿化模范县"等殊荣，环江县牛角寨瀑布群景区、木论喀斯特生态旅游景区被评为国家 AAAA 级旅游风景区。

澄江：一条会开花的河

韦春苗　覃弼勇　韦家宝

一条会开花的河　摄影：苏卫兴

你见过河水开花的奇妙景观吗？每年5—10月，如果你恰好路过广西壮族自治区河池市都安瑶族自治县（简称都安县）的澄江河，就会看到河面白花点点，一眼望去，犹如一条白色织锦浮动在山野间。

这水面的花就是神奇美丽的海菜花。海菜花并非生长在海里，它的名字来自云贵高原。自古以来，那儿的人们便把湖泊称为"海"，因此把生长在湖泊中的花称为"海菜花"。

海菜花是一种沉水植物，其叶片形状、叶柄和花葶（花序梗）的长度因水的深度和水流急缓而有明显的不同。它扎根水底，叶子如海带漂荡，花序梗则像一条纤细柔软的绳索，放风筝般让顶端的花苞浮向水面。其花色玉白，花蕊鹅黄，盛放时浮于水上，如同水中花旦，轻舞水袖，成百上千，随清流荡漾。雌花受粉后沉入水中，充满灵气。

"海菜花，开白花，爱洗澡的小娃娃，清清的水中不带泥也不带脏……"动听的儿歌娓娓道出海菜花喜欢干净水质的习性。与很多能耐受污染的水生植物不同，海菜花对环境的要求颇高，水清则花盛，水污则花败。海菜花可以作为监测淡水湖泊污染程度的指示植物，即可通过观察江河湖泊中海菜花种群的分布情况，来判断水质的好坏。海菜花还能吸附泥沙，吸收水中的氮、磷物质，控制水体富营养化，从而起到净化水质的作用。

海菜花喜温暖，它的生长需要较多的光照和较高的温度。海菜花生长地——都安县，属亚热带季风性气候。据气象资料统计，都安县多年平均降水量为1712.5毫米，多年平均气温21.5℃，多年平均日照时数为1450小时。特别是5—10月的都安县，降水充沛，温度适宜，光照充足，温、光、水等条件均符合海菜花的生长条件要求，因而5—10月是观赏海菜花的最佳时期。

海菜花又被称为龙爪菜，嫩叶和花葶均可食用。它富含多种微量元素、维生素和碳水化合物，是一种低热量、无脂肪的野生绿色食品。

近年来，伴随着水污染的加剧和频繁被打捞作为绿肥，海菜花在众多的河湖中销声匿迹。海菜花已经被列为国家三级重点保护植物。为什么澄江河里会长着这么多的海菜花呢？这跟河水源头水质有密切的关系。位于都安县大兴乡九顿村的世界级水洞——九顿"天窗"，便是澄江河的源头。经探测发现，澄江河的源头是一条地下暗河岩溶泉。源头的湖水清澈透明，水质纯净度之高极其罕见。从澄江河源头下来，星星点点的白色海菜花散布在河面上，宛如水中精灵，又如清流隐士，一眼望去，就像一条会开花的河流，吸引了众多游客前来观赏。

天下第一弄

谭花妹　蒙志刚

　　"弄"在瑶语中是"深洼地"的意思。七百弄位于广西壮族自治区河池市大化瑶族自治县（简称大化县）西北部，距大化县城约75千米，是世界上喀斯特高峰丛深洼地发育最典型的地区之一。这里山高、弄深、谷幽，海拔800～1000米的山峰有5000多座，千姿百态的深洼地"弄"有100多个，被誉为"天下第一弄"。其喀斯特地貌发育壮观典型，震慑人心，放眼望去，山岩嶙峋、千峰竞秀、重峦叠嶂，气势磅礴、浩浩荡荡向天之尽头奔涌而去。这

天下第一弄　摄影：黄秉祥

里年平均气温 17.4～19.6℃，年降水量 1500～1600 毫米，气候舒适。

这里旅游资源丰富，有"神仙抛下银绳"的八里九弯，有饱览山海奇观的千山万弄观景台，有敢于与红水河岩溶洞之媲美的金鸡洞，有绿树环抱、池水映天、薄雾浮动、似是仙人遥居的天街别墅，有把你看作"天外来客"的天下第一弄，有不羡鸳鸯不羡仙的世外桃源——天上人间，有"坐揽日月、气吞山河"的弄耳山峰，更有号称"被上帝眷顾、被魔鬼诅咒"的生命之水——弄狂峡谷。

这里民俗风情朴素浓郁，七百弄乡村居住着瑶、壮、汉等多个民族，其中的主体民族是瑶族，属瑶族第二大支系——布努瑶。布努瑶对自然现象怀有敬畏和崇拜，信仰道教，崇拜创造世界万物的始祖母"密洛陀"。每年农历五月二十三日至二十九日是布努瑶隆重纪念创世始祖密洛陀的传统节日——"祝著节"，也称"达努节""祖娘节""瑶年"。节日里，瑶族同胞会穿上节日盛装，通过杀猪宰羊、载歌载舞、敲锣打鼓、斗鸡逗鸟、打陀螺射弩、摆宴待客、对歌笑酒等形式，与全村各族人民一道，共祝全年人畜平安，五谷丰登，表达欢快之情，抒发生活之梦。

这里的特色美食类型丰富，"长寿主食"有玉米粥、黄花饭、黑豆饭、五彩糯米饭；特色菜肴有火麻菜、合抓菜、羊酱、羊活血、羊骨芭蕉心、腊味（腊肉、腊肠等）、粉蒸肉、白切七百弄鸡、黑豆猪蹄等；特色小吃有豆腐圆、干菜汤、油包肝、糯米血肠、旱藕粉丝、红薯粉、麻叶粑、苦麻菜馍、玉米粉煎饼、粽子、糍粑；特色酒水有四数九里香茶、铁皮石斛茶、玉米酒、红薯酒、李子酒、蜂蜜酒、桂花酒等。七百弄鸡、七百弄山羊先后被列入中国农产品地理标志登记产品。

来到七百弄，不仅可以探险攀崖、采风写生、感受民族风情，还可以尽情享受美食、欣赏美丽的自然风光，从而获得人与自然、现代与古朴、超凡与世俗的多重美好体验。

西山「五绝」

何林宴　游文芬　蒋兆恒

桂平市位于广西东南部，地处低纬地区，郁江、黔江在其辖区内交汇，北回归线横贯其中，属南亚热带季风气候，阳光充足，气温较高，雨量充沛但分布不均。独特的自然气候和地理环境，造就了桂平西山壮美的风景文化。

西山，古称思陵山，又称思灵山，位于桂平市西郊 1.5 千米，海拔 678 米。俗话说"桂林山水甲天下，更有浔城半边山"，"浔城半边山"指的就是桂平西山。桂平西山以"林秀、石奇、泉甘、茶香"闻名于世，同时，也以"佛圣"著称，可称为"五绝"。

林　秀

西山丛林如海，郁郁葱葱，林木覆盖率达 98%。来到西山观景，哪怕是夏日炎炎，也有绿荫蔽日，徐徐山风拂面，令人心旷神怡。西山主要树种为松树、榕树、樟树和鱼尾葵，人称西山丛林"四大家族"。树龄达二三百年以上的古松、古榕、古樟共有 500 多株。桂平年平均降水量 1759 毫米，年平均气温 22.1℃，为林木生长提供了适宜的水热条件。西山松树品种众多，其中"龙鳞松"颇为奇特：树皮裂为小片重叠，酷似龙鳞。传说乾隆皇帝出游南方，特来西山，走到山上时，浑身发热，于是脱下龙袍顺手挂在松树上，从此，这株松树便长出了"龙鳞"。

石　奇

西山上的石头属黑云母花岗岩，形成于距今约 1.8 亿年的中生代早期，具有"粗莽唐突"的特色，千姿百态、各擅其妙：有状若石台的棋盘石，有不知从何而来的飞来石；有的如大山平地拔起，有的似猛虎蹲伏路旁；吏隐洞系由三块巨石互相撑持而成，姚翁岩则是在一块如山的巨石一侧突然凹陷天然形成的一处洞穴。正如巨赞法师在《桂平的西山》一文中所写："就是（西山的）石头，也比（杭州西湖）飞来峰有味，好像千奇百怪而又善意迎人似地布置着。"

泉　甘

龙华寺侧有乳泉。这是一眼宽、深各约一米的古泉，冬不竭，夏不溢，常年保持一定的水位和21～22℃的水温。《浔州府志》载，此泉"清冽如杭州之龙井，而甘美过之，时有汁喷出，白如乳，故名乳泉。"乳泉水质明净，含杂质特少，是不可多得的天然软水。泉水中含天然氧多，这种氧能够同茶和酒中的杂质起化学作用，把杂质挥发掉。因此用乳泉水泡的茶特别香，用乳泉水酿的酒特别醇。别有风味的"乳泉酒"就是用乳泉水酿造的。

茶　香

西山雨量充沛、阳光充足、泉甘土沃，早在唐代，人们便开始在山上种植茶树。西山茶的"嫩、翠、香、鲜"得益于桂平市得天独厚的气象条件。西山茶地朝东，阳光充足，兼之地势较高，经常云雾缭绕，阳光被雾折射，形成散射光，使茶叶容易保持幼嫩，松软含丰富天然磷的土质，再加上乳泉水的灌溉，使茶叶生长繁茂。

由于西山的遮挡，茶场每天受日照时间较市区短约2小时，且西山林木覆盖率达98%，将太阳的直射改变为漫、散射。充沛的降水和林冠的截留使得茶场水汽充足。桂平市最低月平均气温12.5℃，茶树一年四季均可萌动。2月中、下旬茶芽即可展开嫩芽，进入3月份，气温逐渐回升，雨雾多，日照少，极有利于茶树体内有机物质的形成，能生产出高品质的"明前茶"。

佛　圣

西山多寺庙，清代时已成为广西著名的佛教丛林。抗日战争期间，前中国佛教协会副会长巨赞法师驻西山为龙华寺住持，对佛教事务及西山建设多有建树。中华人民共和国成立后，西山被列为全国佛教基地之一。

龙鳞松　摄影：何林宴

西山岩石上的佛字　摄影：何林宴

大明山上好风光

张芳琳　郑贤　黄归兰

　　夏天似乎总是偏爱南宁，每年从 4 月开始，热浪便层层来袭，直到 10 月底才渐渐退去。寻一处惬意的避暑胜地，远离滚烫喧嚣的城市，是许多人在酷暑天气里的梦想。距离南宁市区一个小时车程的广西大明山风景旅游区，便是人们消暑的理想之地。不仅如此，那里还因其冬季出现北回归线上罕见的积雪雾凇景观，而成为我国纬度最低的赏雪胜地之一。

　　溪流纵横交错，幽谷密林丛生，云雾瞬息万变……大明山，是珍稀自然生

大明山飞鹰峰　摄影：李良

物资源的宝库，是民族文化的摇篮，是生态旅游的胜地，是休闲、旅游、养生的天然福地，更是名副其实的"天然氧吧"。

令人心驰神往的"中国天然氧吧"

广西大明山风景旅游区位于南宁市北部，由大明山国家级自然保护区和龙山自治区级自然保护区组成，总面积277平方千米，是距离南宁市最近的原始森林景观。辖区内北回归线横贯中心，森林覆盖率98.9%，被喻为"北回归线上的绿色明珠"。大明山平均海拔高度1200米，主峰龙头山海拔1760米，为广西中南部第一高峰。

大明山以"雨后晴翠，层峦叠嶂，满目生机"而闻名，春岚、夏瀑、秋云、冬雪为其四季景观之缩影，被誉为"岭南奇山，人间仙境"。2019年，大明山凭借得天独厚的自然环境、丰富的旅游资源、深厚的壮乡人文底蕴等诸多优势，荣获"中国天然氧吧"称号，为广西再添一张国家级生态名片。

由中国气象服务协会组织的"中国天然氧吧"创建活动，"门槛"包括：气候条件优越，负（氧）离子含量较高（年平均浓度不低于每立方厘米1000个）；空气质量好，一年中空气优良天数不低于70%；生态环境优越、生态保护措施得当、旅游配套齐全、服务管理规范等。正是这样近乎"苛刻"的条件，获得"中国天然氧吧"称号的地区或景区，都成为有数据"验明正身"的"洗肺"圣地。

大明山夏无酷暑，夏季平均气温21.2℃，是人们避暑的理想之地，被誉为"广西庐山"。大明山气候宜人，全年12个月均适宜旅游出行。在《人居环境气候舒适度评价（GB/T 27963-2011）》中对气候舒适度划分有：寒冷、冷、舒适、热和闷热5个等级。根据该标准，采用大明山天坪气象站多年的气温、风速和相对湿度的气候资料，计算得到大明山各月人居环境舒适度等级，其中5—9月，大明山人居环境气候舒适度为3级，人体感觉舒适。大明山位于亚热带降水量最丰沛的南部地区，年平均降水量1542.9毫米；光热充足，年平均日照时数1482.9小时；气温湿润，年平均相对湿度为82%；年平均风速2.7米/秒，四季轻风绕人。

监测数据显示，大明山空气清新洁净，空气质量优良率超过94%，空气质量达到国家一级标准。总体的负（氧）离子浓度高，平均为每立方厘米2062个，多个区域达到保健养生的要求，是大自然恩赐的"天然大氧吧"，非常适宜旅游疗养。

大明山云海　摄影：韦坚

神秘奇幻的气象景观

　　大自然是充满魔力的，它塑造了悬崖飞瀑、险峰峡谷、雨霁舒风……每一个自然景观都令人惊叹。丰富奇特的气象旅游资源也成为游客对大明山流连忘返的原因之一，这里是观赏雾凇、云瀑与佛光等罕见气象景观的绝佳之处。

　　"琼敷缀叶齐如剪，瑞树开花冷不香。"这是明代文学家杨慎歌咏雾凇的名句。雾凇形成需要同时具备气温很低、水汽充足两个自然条件，在南宁，具有特殊地理位置条件的大明山成就了一段南国"冰雪奇缘"。每当寒潮来袭，大明山便一夜"白头"，千树琼花，晶莹剔透，仿佛奇幻仙境，洁净而无一片尘埃，美不胜收！

　　常在大明山不期而遇的，还有云海、云瀑。初见大明山的云海，我就被它的苍茫深邃和灵动飘逸深深感动。站在巍巍大明山上，只见云海奔腾、白浪排空，瞬息间变化万千，绵亘蜿蜒的山峦时隐时现，宛若一幅动态的水墨画。在峰顶远眺，看那云瀑倾泻飞升，看那云海波涛汹涌，气势恢宏，好不壮观！

　　与云海一同出现的还有佛光景观，翻滚的云雾铺陈峰峦之间，一团五色光晕若隐若现，神奇绚丽，给大明山披上了一道神秘的色彩，甚是奇妙！"佛光"是光的自然现象，是阳光照在云雾表面所起的衍射和漫反射作用形成的。人如果站在山顶，在对着太阳光的云雾中可以出现人的影像，并在周围出现美丽的彩色光环。"佛光"奇观的出现要有阳光、地形和云海等众多自然因素的结合，条件缺一不可，只有在极少数地方才可欣赏到，如四川峨眉山、安徽黄山、山东泰山等。而大明山也是一个得天独厚的观赏场所，奇特的云海佛光气象景观，吸引了众多游客和摄影爱好者在此拍照，观光留影。

壮族民俗的文化摇篮

作为钟灵毓秀的一方水土，大明山不光孕育了珍贵的自然生物，更养育了壮乡儿女。

大明山，壮语称"岜赤"，意为"祖宗神山"，是龙母文化的重要发祥地、骆越古都的文化遗址，是壮族先民的聚居地。壮族人民能歌善舞，农历"三月三"是壮族的盛大节日，其中"三月三歌圩"是壮族的传统歌节，已有上千年历史。大明山歌圩是广西规模最大的歌圩之一，其历史源远流长。2018年，大明山歌圩成功列入广西非物质文化遗产。大明山周边的上林、马山、武鸣、宾阳等地也先后获得"中国歌圩文化之乡""中国八音文化之乡""中国嘹啰山歌之乡""中国商埠民俗文化之乡"等称号。

独具特色的民族文化和得天独厚的生态环境，使大明山地区成为长寿养生之胜地。据初步统计，大明山周边（上林、马山、武鸣、宾阳）164.4万人口中，90岁以上的有3188人，100岁以上的有172人，平均每10万人中有百岁寿星约10.46人，超过联合国规定的"平均每10万人有7.5人达到百岁"的长寿之乡标准。

近年来，根据特有的景观景点，大明山精心打造了揽胜之旅、养生之旅、神奇之旅、休闲之旅、仙境之旅等多条精品旅游线路，通过举办歌圩节、杜鹃花节、养生旅游节、山地运动旅游节等深受游客喜爱的活动，成功打造了传统文化旅游、生态养生旅游、自然景观旅游、山地体育旅游等多种旅游产业，将大明山壮美的风貌展现给来自世界各地的游客。

走向"台前"的气象服务

随着旅游产业的不断发展，气象元素已经逐渐跳出"背景"的角色，从"幕后"走向"台前"，作为独特的旅游资源吸引着公众。气象部门也在不断探索，如何以优质的气象服务助力旅游发展和生态文明建设。

大明山风景旅游区属于山岳型景区，地域广阔，生态资源丰富，气象灾害、地质灾害和自然生态灾害频发，是广西自然灾害防治的关键地区，也是生态保护的重点区域。气象部门一直在积极探索山岳型景区旅游气象服务建设。

经过多年建设，南宁市气象局沿着大明山的盘山路，在海拔800米、1200米、1500米处建有自动气象观测站，初步形成不同高程梯度的气象观测。安装了大气成分站、大气负（氧）离子站、大气电场仪及实景监测等，对大明山进行大气、生态、环境等监测，逐步完善大明山生态气象观测体系。气象部门还联合大明山风景旅游区管理委员会开展旅游气象服务，提供专业化的旅游气象服务产品，一方面对雾凇、雨凇、云瀑等气象景观进行准确预报，满足了公众与旅游业发展的需求，另一方面开展大雾、暴雨、大风、雷电等灾害性天气预警服务，保障景区旅游安全运营。

山岳型景区旅游气象服务不仅是对景区天气情况和气象景观出现概率的预报，完善的气象观测系统、预报预警服务系统以及针对旅游活动、生态资源保护等的专业气象服务，一样都不能少。南宁市气象部门依靠有序推进纵向加横向的观测系统、山洪地灾预报预测应用、生态气象服务等，开展大明山生态观测系统项目建设，开发旅游气象景观，为探索创建国家气象公园贡献气象科技力量。大明山景区的旅游发展之路，气象将一路相伴。

大明山"仙境" 摄影：韦坚

金秀：神奇瑶乡『天然氧吧』

黄智

圣堂山云海　金秀瑶族自治县文化广电和旅游局供图

　　地处广西壮族自治区中部的金秀瑶族自治县（简称金秀县）是世界瑶族支系最多的县，有盘瑶、茶山瑶、花篮瑶、山子瑶和坳瑶5个支系。这里的瑶族风情浓郁，瑶族文化底蕴深厚，瑶医瑶药古老神奇，素有"世界瑶都"之称。

　　金秀县大部处于大瑶山区，山地占总面积的73%，地形高度在海拔500米至1979米之间，海拔较高，地形复杂，具有显著的亚热带山地气候特点，即冬暖夏凉，四季温和。这里的天气变化与众不同：春天，当山外已沐浴暖阳之时，山里的人们却仍在与一股股冷空气作斗争；夏天，山外的人们在烈日的炙烤下苦不堪言时，山中午后常有一场骤雨带来凉爽与舒适；秋天，山外久晴不

香草湖美景　金秀瑶族自治县文化广电和旅游局供图

雨，天干物燥，而山中不时来一场绵绵细雨，润物无声；冬天，当人们穿着厚厚的棉衣却还在瑟瑟发抖时，山中却不时来个"大反转"——风向转南，气温上升，暖如春天。

2018 年 9 月，金秀县被中国气象服务协会授予"中国天然氧吧"称号，成为广西首个获得"中国天然氧吧"称号的县份。根据监测，金秀县各景区无论在何时、何种天气条件下，空气中的负（氧）离子浓度均达到了二级（每立方厘米 500 ~ 1200 个）以上，且大部分为一级，即负（氧）离子浓度达到每立方厘米 1200 以上，最高日平均值达到每立方厘米 30000 个以上，最高月平均值为每立方厘米 14000 个以上。

2012 年，金秀县还获得了"中国长寿之乡"的称号。这主要得益于以下因素：一是丰富的森林资源，金秀县辖区内森林覆盖率达 87.34%；二是如前所述的高含量的负（氧）离子；三是舒适的气候环境、金秀县年平均气温为 17℃ ~ 21℃，尤其是暑期凉爽舒适宜人，是旅游、避暑的理想胜地；四是纯天然的生活饮用山泉水，金秀县水源林面积 10.57 万公顷，年产水量达 25.7 亿立

方米，是广西最大、最重要的水源林区，水质安全。

特殊的气候条件也为特色产业的发展提供了便利条件。娃娃鱼的繁殖生长对环境的要求很高，不仅气候、气温要适宜，而且水质不能有任何污染，金秀县从 1998 年开始进行人工驯养娃娃鱼，养殖技术居全国前列，成为我国重要的养殖基地。此外，茶叶也是金秀县的特色产业，石崖茶、甜茶、绞股蓝茶等生长在高海拔山区，水土涵养好，营养价值高。近年来，金秀县还大力发展中草药特色产业，一些不易成活的野生中草药如灵芝、七叶一枝花、黄花倒水莲、铁皮石斛等，在金秀得天独厚的气候条件下也可以进行人工养殖了，且成活率很高。

好山好水好气候，在大瑶山水土气候的滋养下，金秀瑶族文化多姿多彩。每年农历十月十六是瑶族人民的盛大节日"盘王节"，瑶族人民在这天开展大型祭祀活动，纪念先祖盘王。人们载歌载舞，笑迎八方来客共度佳节。

大瑶山特殊的地形造就了这里独特的局地小气候，令人心驰神往。不如让我们一起走进这个神奇瑶乡，在"中国天然氧吧"里体验一场醉心之旅吧！

『富氧』蒙山 『醉美』生态

唐展鸿

在大瑶山的东麓有一座鲜为人知的小县城，曾经席卷半个中国的太平天国政权从这里起步，新派武侠小说家梁羽生在这里成长，它就是广西壮族自治区梧州市蒙山县。如今，作为桂东地区的一座"绿色宝藏"，它又拥有了一张新的名片——"中国天然氧吧"。

蒙山县地处亚热带季风区，夏季平均气温 27.3℃，日最高气温超过 35℃ 的高温天气鲜见，是绝佳的避暑圣地。辖区内植被丰富，森林覆盖率达到了 82.17%，远超广西与全国的平均水平，年均负（氧）离子浓度达每立方厘米 2248 个，拥有清新空气和优良生态环境的蒙山县成了生态文明建设的金山银山。

现在，深藏在玉梦冲里的山泉水已经变成了远近闻名的天书侠谷景区。到了炎炎夏日，远远就能听到寒潭中游客们戏水的声音，走到状似天书的陡山前，还可仔细品评一番其承载的武侠传奇。除此之外，茶山湖、羽生谷、屯巴山等景点，均是绿树成荫、山水秀美，适合休闲垂钓、避暑旅游的好去处。

蒙山县位于亚热带降水量最丰沛的南部地区，年平均降水量达 1851.1 毫米，给当地带来了丰富的负（氧）离子和充沛的降水。与这种湿润多雨的气候相适应，蒙山县的大小河面上常能看到风雨桥，即桥身整体由桥、塔、亭组成，桥顶盖瓦形成长廊式走道的木桥。风雨桥的塔、亭建在石桥墩上，两侧有栏杆和长凳供人休息，瓦顶有多层，檐角飞翘，顶有宝葫芦等装饰，下雨时雨水会顺着两侧飞檐流向河中，行人在此过往能躲避风雨，因而得名。

即使是在天朗气清、无风无雨的日子里，县城湄江上的长寿桥两侧长凳上也会坐满下棋或聊天的老人。得益于负（氧）离子特有的康养作用，蒙山县是中国长寿之乡，全县百岁老寿星就有近 40 人，长寿保健已经在当地形成了一种独特的文化。而清澈醇香的茶油、汲取大瑶山芳华的蜂蜜、纯天然无污染的木瓜干等产品，不仅得到了当地人的青睐，更为愈来愈多的外地游客所追捧。

这里适宜康养的气候生态环境、有益长寿保健的绿色农产品，以及丰富多彩的武侠文化，正期待你的到来。

屯巴山天然瀑布　摄影：张敏

风情篇

绣球伴着山歌飞，壮锦随着铜鼓舞。八桂大地，十二个世居民族，不同的习俗、文化和气质，却有着共同的家园，共生共荣。如霞绚烂、似锦鲜艳，这般情韵你可沉醉？

摄影：韦坚

壮乡的万千气象

曾涛

　　刘三姐的故事可谓家喻户晓。这是一个有山、有水、有爱的故事。刘三姐的歌声述说着对自由和幸福生活的追求，述说着美丽的八桂山水和壮乡风情。

　　壮族，旧称"僮族"，是我国人口最多的少数民族。据有关典籍记载，壮族源于先秦时期居住在岭南地区的"西瓯""骆越"等民族。广西壮族自治区是壮族的主要分布区。壮族从中华民族的记忆深处走来，积淀了厚重的历史文

鼓面

晕圈

光体

芒

立体装饰

壮族铜鼓鼓面示意图　摄影：陈小见

化，在青山绿水间、在山歌悠扬中闪耀着熠熠光辉。气象万千的壮乡，也拥有独具特色的气候文化。

古代壮族人的"观天识象"

广西是我国出土和收藏铜鼓最多、品种最齐全的省区，壮族人民铸造和使用铜鼓具有悠久的历史，壮族铜鼓习俗已被列入第一批国家级非物质文化遗产保护名录当中。从这个文化遗存中，古代壮族人的"观天识象"之能可见一斑。

铜鼓的鼓面中心有一个光体，代表太阳。光体图案的四周有向外辐射的光芒图案，芒数一般有八芒、十芒、十二芒、十四芒、十六芒不等。光体图案和光芒图案合起来称为"太阳纹"，象征着壮族对太阳的崇拜和信仰。这些"太阳纹"发展到冷水冲型铜鼓时期（即1世纪的东汉初期至12世纪的北宋年间），十二芒成为定格。12道光芒象征一年的12个月。这说明壮族在很早就知道把一年划分为12个月了。

壮族人民对太阳的观察相当仔细，他们根据日光投影变化的不同来记时辰。他们还根据夕阳西下时天空色彩的不同，预测天气的变化。这在当地农谚中多有反映，如"太阳下山满地黄，不出三天雨汪汪"，是说太阳西落，彩霞变黄色，不久天将要下雨。又如"日落胭脂红，无雨也有风"，是说太阳下山时映出像胭脂一般的红色，是阴雨天的预兆。古代壮族人民还通过观察月亮的变化预测天气。农谚有云，"月亮有毛，大水冲断桥；月亮戴帽，大雨将到；月亮扛伞，平地水涨""月亮撑伞雨水疏""月晕午时风""月亮披带雨来快"，等等。古代壮族人民对星星的认识也是很早就开始的，他们根据北斗七星斗柄指向确定季节——斗柄指南是夏天，斗柄指北是冬天。

壮族人民通过观察物候来把握时令，指导生产，安排生活。人们在长期观测的基础上，编成歌谣，代代流传。如有一首《壮族季节鸟歌》，就以壮族农村候鸟出现的时间不同，反映不同的季节。又如一首《壮族十二月花歌》，歌中用不同季节开放的花儿来命名月份，如农历的正月为柚花月，二月为桃花月，三月为金樱花月，四月为瓜花月，五月为稻花月，六月为荷花月，七月为牡丹花月，八月为稻花月（大概因广西很久以前就已栽种双季稻，故有两个稻花月），九月为薤花月，十月为姜辣花月，十一月为菊花月，十二月为李花月。山歌反映了人们对物候的细致观测和对气象条件变化规律的认知。历史上壮族文化教育虽然比较落后，但壮族人民的"自然观"仍闪耀着科学的光芒。

稻米香

摄影：韦坚

底蕴深厚的稻作文化

壮乡有句谚语："过了惊蛰节，春耕不能歇。"当初春的风拂过壮乡大地，春耕就开始了。这里光热充足、河流纵横、湿地密布，水土资源丰富，有优越的发展稻作农业的自然条件。壮族是一个善于耕作水稻的民族，他们在长期的劳动实践中，创造并发展了一种文化——"那"文化。

当你来到壮乡，也许会对到处以"那"字开头的地名大惑不解。上至县市乡镇，下至村屯弄场，含"那"字的地名，广西有 1200 多处，如那坡、那马、那陈。各式各样的"那"地名，也有其不同的特点，如那江——地处中间的田；那波——泉边的田；那六——水车灌溉的田；那笔田——养鸭田；那楼——我们的田……"那"，最初可能仅指水稻田，后来泛指田地或土地，并形成了以稻作耕种为核心的民族文化。壮族是古老的稻作民族，据"那"而作，依"那"而居，以"那"为本，凭"那"而乐，"那"文化在壮族村寨中代代沿袭。壮族节日、礼仪、祭祀、民族性格等方面都与稻作农耕有密切关系。

在广西壮族自治区隆安县，旧石器时代就有了稻作。《史记》中称，壮族是"饭稻羹鱼"的民族。广西的壮族地区种植水稻历史悠久，水稻是这里最主要的粮食作物。广西属于中亚、南亚热带季风气候，当地的气候资源适宜发展水稻生产。其优势有三点：首先，气候温暖、夏长冬短，广西各地年平均气温 16.5 ~ 23.1℃；其次是降水丰沛，广西各地年平均降水量 1077.4 ~ 2768.8 毫米；再者是光照资源丰富，广西各地年平均日照时数 1167 ~ 2234 小时，太阳总辐射每平方米 3601 ~ 5304 兆焦耳。

为有效进行"那"的耕作，保证稻谷丰收，壮族人民发明了天车、龙骨车等提水工具，兴修了许多水坝、水塘、沟渠。这些古老的工具和水利设施延用至今。同时，对生存环境的保护意识也始终相随。

在饮食上，壮族素有"无米不成席"的说法，在壮族地区，请客送礼、节日祭祀等各种重要场合都会出现稻米食品。在长久的实践中，壮族人民学会了选择各种有利地形来发展水稻生产。壮族的村落地址一般都选择在河流转弯或者大河与小河的交汇处，背山面水，前面或附近都有比较开阔的平地可以耕种，其村落名称就取自这些村落附近特有的地理特性。

壮族人民的住宅也会选择建在依山傍水、背风向阳的地形上，这样既方便生产，又利于生活。壮族民居为楼式干栏建筑，与自然环境相宜而又别具风格。一般分为三层，第一层用来养猪、养牛，第二层住人，第三层做仓库。

源于气象的多彩节庆文化

壮族是多节日的民族，几乎每个月都有节日。其中，春节、"三月三""七月十四"是壮族最重要的节日，另外有"二月初二""四月初八"、端午节、"六月初六""七月初七"、中秋节、重阳节、冬至等节日。

壮家人爱过"三月三"，与当地气候密切相关。由于他们的居住地区海拔较低，长年酷热，春耕未央的农历三月时节，是一年里最舒适的日子，风和日丽、气候温和。在广西过"三月三"，有三件事是少不了的：赶歌圩、抛绣球、吃五色糯米饭。

壮乡的"三月三"是歌声的海洋，到处是嘹亮的山歌声，到处是唱歌的人。壮族是稻作民族，在生产力低下的年代，天气、劳力等是决定当年收成的主要因素，因此，祭祀神灵和先祖成为壮族先民祈求丰年的主要手段，而以歌代言的壮族人认为唱歌可以取悦于神，因此歌唱便成了祭祀祈祷的主要形式。"三月三"也是爱情萌动的季节，花前树下，江畔岭旁，屋前院后，青年男女成群结队，用歌表情，用情唱歌。

"三月三"还有一项特有的活动——抛绣球。在著名电影《刘三姐》里，刘三姐抛给阿牛哥的定情信物就是壮族一种特色手工艺品——绣球。一抛一接，含蓄而浪漫。这部电影让壮族抛绣球的浪漫传遍了国内外。不过，壮族的抛绣球一开始并非是因男女传情而产生的。在崇左花山岩石上有距今 2000 多年的壁画，描绘了壮族先民最早"抛绣球"的场景，只是画上的人抛的是青铜铸制的名为"飞砣"的兵器，这种兵器主要是用于作战和狩猎。到了宋代，抛飞砣变成了抛绣球，"男女目成，则女受砣而男婚已定"。工艺精美的壮族绣球现在成为深受人们喜爱的工艺品，是壮家赠送贵宾表示美好祝福的吉祥物。

在壮族的"三月三"，一定会出现的美食就是五色糯米饭。黑、红、黄、紫、白五种颜色的香糯，清香、艳丽、软绵而富弹性，让人们的舌尖享受着味觉盛宴，眼睛则享受着视觉大餐。五色糯米饭，俗称五色饭，因糯米饭呈五种颜色而得名，是壮家用来招待客人的传统食品。五色糯米饭的产生，客观上与壮族生活的地理区域有着直接联系。在用料上，是由黄姜、枫叶、红兰草、紫藤兰的汁浸染糯米而成。这些植物本身都有一定的药用功效，因此五色糯米饭也有滋补、健身、医疗、美容等作用。不仅如此，五色糯米饭还有"消灾难、交好运"的祈福含义。

而壮族的春节是一年中最隆重的节日。除夕那天必不可少的美食就是"白斩鸡"；米饭要做得很多，剩到第二天吃，象征着富裕；壮家人视粽子为高贵的食物，农历正月初一初二来客必吃粽子。过年吃的粽子又称年粽，个头较大，通常有四五斤重，重的达一二十斤。粽子主要原料是糯米，但要有馅儿。馅儿是由去皮的绿豆、半肥不瘦的猪皮拌上面酱制成的，煮熟后，其味堪称一绝。

壮族的传统节庆活动都围绕着稻作的生产周期来开展，独具特色，如蚂拐节（祈求雨水）、农具节（赶圩购农具）、陇峒节（下到田峒祭祀天地）、牛魂节（爱护耕牛）、稻魂节（祈求水稻丰收）、尝新节（庆祝新谷成熟）等。同时还有相应的节庆民间舞蹈，如舞春牛、蚂拐舞、草裙舞、打砻舞、扁担舞、舂米舞、捞虾舞等。壮乡丰富多彩的节庆活动，蕴含对历史的传承、对自然的尊重、对现实生活的豁达自信。

壮族绣球 摄影：韦坚

侗族风雨桥的风雨情缘

罗桂湘　谢海云

三江县程阳风雨桥（一）　摄影：韦坚

　　"风雨桥，长又长，刮风下雨都不怕"，走在侗寨侗乡，伴随着袅袅的侗歌，人们常常会和风雨桥不期而遇。

　　侗族人民世代居住在云贵高原东麓与南岭山脉西段的广西、贵州、湖南等省（区），所属之处山岭叠翠、江河纵横，逢寨必有水，有水必有桥，季风和山地复杂地形造成的频繁降雨更是让侗乡的桥梁添上了顶，形成了侗族特色的廊桥——侗族风雨桥。300 多座风雨桥，像一串串跳跃的音符，点缀在侗乡的灵山秀水间，或轻盈或凝重，与自然环境融为一体，让人看了不由为之怦然心动。在广西壮族自治区柳州市三江侗族自治县（简称三江县），有大大小小 120

多座风雨桥，像一个个天然的风雨桥博物馆，向世人展示着侗家人在与潮湿多雨气候打交道的过程中凝练的智慧之光。

多雨潮湿，风雨桥应运而生

三江县位于广西北部山区，属亚热带湿润气候区，是我国晴天最少的地方之一，可以说是"天无三日晴"，年平均晴天日数只有 6 天，大多数的时间天空都被云、雾和雨占据着：年平均低云量 82%，年平均雾日数 76 天。这里雨量非常充沛，年平均雨量 1557 毫米，年平均雨日 176 天，相当于一年当中有半年的时间都在下雨；空气湿度极大，年平均相对湿度高达 81%。在长期与多雨而潮湿的天气打交道的岁月里，侗家人积累了丰富的防雨、防潮经验。为了方便出行和躲雨，他们在村前寨后的小河溪流上架起了带有长廊和桥亭的风雨桥——侗族风雨桥应运而生。

民族技艺，竹木一身坚胜铁

侗家人尊重与顺应自然，因地制宜采用当地常见的大青石和杉木建造风雨桥的主体，而桥的构造与细节无不让我们领略到工匠们高超的技艺。

三江县程阳风雨桥（二）摄影：韦坚

为了抵御雨水对木质桥身的侵袭，侗乡人想到在桥上建亭子的办法，亭子还增加了桥身的重量，使得桥体不易随风摇晃，增强了防风效果，遇到洪水冲击时也不会轻易被冲走或变形。亭檐也极有讲究，造型像杉树的多层亭檐以及在桥侧的腰檐，被当地人称作"雨搭"，多层亭檐既能通风透光，又可以防止雨滴飘入，比单层亭檐遮雨的功效好得多。

桥面的木板之间留有空隙，即使偶尔有雨水洒落，也不容易积水，从而延长了桥身的使用寿命。有的桥面分为两层，上层供行人通行，下层是牛、羊、鸡、狗等禽畜的通道，实行人畜分流，保持了人行通道的洁净与舒适。

桥身均由杉木穿插，以榫衔接，不用一钉一铆的金属部件，避免了锈蚀；而用桐油处理过的木材，防潮防虫、坚固耐用。难怪当年郭沫若先生为程阳风雨桥题诗的时候，给予其"竹木一身坚胜铁"的高度评价。

雨水过多难免发生洪涝，风雨桥桥墩的设计可以防洪：大青石制成的桥墩，沉重而稳固；桥墩的形状是六面形柱体，上下游方向都是锐角，可以减缓洪水的冲击力，让风雨桥百年屹立不倒。

在众多的侗族风雨桥中，程阳风雨桥为其中杰出代表，它始建于 1912 年，有着"世界四大历史名桥之一""世界十大最壮观桥梁之一"等美誉。1997 年香港回归祖国时，广西壮族自治区人民政府将程阳风雨桥的缩微模型作为珍贵礼物赠送给香港特别行政区政府。2007 年，包括三江风雨桥和鼓楼在内的"三江侗族木构建筑营造技艺"被列为国家首批非物质文化遗产。2010 年，以程阳风雨桥为原型制造的"三江侗族风雨桥模型"被上海世界园艺博览会博物馆永久收藏和展出，让世界各地更多的观众能够一睹这巧夺天工的民族建筑风采。

传情达意，一生情缘一桥牵

对侗家人来说，风雨桥伴随着他们走过四季，早已成为他们生活中不可或缺之物，不仅有沟通阡陌、方便来往的交通功能，还是重要的休憩和社交场所。

春天，侗族迎来花炮节，当花炮惊醒沉睡的山野，缠绵的春雨和烂漫的山花就把风雨桥点缀成一首抒情的小诗。勤劳的侗家人在桥边的田地里劳作，收工后习惯到桥上小憩，卸下蓑衣斗笠之后多了一份"把酒话桑麻"的闲适。

夏天，龙舟水如期而至，欢度"龙舟节"的人们聚集在风雨桥畔，桥下桨楫翻飞，桥上呐喊助威，一派热闹景象。在雨线如鞭、水急浪高的日子，风雨桥巍然飞跨江河两岸，用坚实的身躯"迎送"着人们安然穿行；在骄阳似火的白天，风雨桥上的徐徐凉风吹走了侗家人夏日的疲惫，女人们用精美刺绣描绘着生活的安逸与幸福；在月色如水的夜晚，"行歌坐月"的姑娘小伙在桥上唱着情歌互诉衷肠。

秋天，芦笙节踏着稻浪而来，湛蓝的天空映衬着金色的糯谷，雄浑的芦笙吹足了丰收的喜悦，风雨桥就成了寨子里最热闹的地方之一。悦耳的侗族大歌、欢快的侗族舞步构成了最为壮观的喜庆图，桥栏上晒着的稻垛就像一块块奖牌，晾晒着侗家人的丰硕成果。

冬天，浅浅白霜、点点雪花把风雨桥装扮得格外婀娜多姿，辛劳了一年的侗家人尽情地欢庆着他们的新年，走村串寨"行年"（侗族有在每年正月以寨为单位集体到另一个寨做客的习俗）。姑娘佩戴闪闪发亮的银质首饰，手提小巧玲珑的篮子，小伙子身着节日的盛装，老人腰插长长的烟斗，娃娃们打着各式的花灯，簇拥在烛光闪闪的龙灯四周，浩浩荡荡、兴高采烈地去"行年"；而另一个山寨的人们早早就候在寨口的风雨桥上，敲锣打鼓，点燃爆竹，吹起芦笙，舞起龙灯，欢迎来访者。

风雨桥就这样陪伴着侗家人走过无数个风起雨落的日子。侗家人热爱风雨桥、崇敬风雨桥。在未来的岁月里，侗家人将继续与这山、这水、这桥相依相伴，世世代代续写这风雨情缘。

三江县高友村美景　摄影：刘英轶

传统民居里的气象智慧

曾涛

一砖一瓦、一草一木、飞檐雕柱，镌刻着历史的印记。那些伫立风雨中千百年的传统民居建筑，承载着地域文化，寄托着游子的乡愁。广西作为沿海、沿边的少数民族聚居地区，居住着汉、壮、瑶、苗、侗、仫佬、毛南、回、京、彝、水、仡佬等 12 个世居民族，百越文化、中原文化、海洋文化、少数民族文化等多元文化交织、交融，民族风情浓郁。这里保留下来的传统民居，形成了异彩纷呈的建筑形态。走进广西传统民居里，你还能探索到其间凝结的气象智慧。

壮族干栏

壮族传统民居最主要的建筑形式是干栏，侗族、苗族、瑶族等传统民居都是干栏式楼居的体现。干栏又称"麻栏""高栏"等，以竹木结构为主，多为二层或三层。下层一般用来饲养牲畜，放置家具、柴火等杂物；第二层住人；第三层储存粮食。据考古发现，干栏式建筑已有上万年的历史，在距今6000—10000 年前的顶蛳山新石器时期就已经有了成熟的干栏式建筑了。《魏书·獠传》记载："依树积木以居其上，名曰干阑。"最初，壮族先民只是在树杈上架木搭棚，构造简单。后发展到地面立柱架楹，铺板为楼。上层四周以竹、木或篾席、草帘遮挡，供人居住；下层四周用木板或砌石为墙，用于饲养家畜。在干栏式建筑里，人居二楼，不易受到毒蛇猛兽的攻击，蚊虫也大大减少，有利于人的安全和健康；谷物放在第三层储存，比较干燥，不易腐败变质；第一层用于圈养家畜，节约用地，便于照料，且可以利用牲畜警惕性高的特点预防泥石流、滑坡、火灾等山区多见的灾害。桂西南地区雨水多，比较潮湿，这里常见的干栏式房屋使住所与地面隔离，可以有效地防潮湿，建筑空间也比桂北民居长 4 ~ 5 米，开窗较少，可保证室内的清凉。干栏式建筑以树木构筑成的平台晾晒衣物及谷物，具有良好的通风性，适应多雨潮湿的气候。因为各地小气候不同，干栏的形式也有所差别。在山地，干栏往往建在陡坡上，随着地势的升高，干栏往往越建越小，从而很好地适应地势越高风力越大的环境。壮族的传统干栏建筑，对木材的需求较大。桂西北地区气候土壤等条件适合杉木生长，木材资源丰富，这些地区的传统全木干栏建筑能较好地保存下来并继续发展。经过发展，许多地方干栏的建筑材料变成了砖石，家畜和人住的地方也分开了。

桂北汉族民居

桂北传统汉族合院建筑的一个关键因素是天井。天井是家庭生活的重要中心场所，对于通风和采光起着重要作用。一方面，住所的主要光源来自天井；另一方面，由于天井内受到太阳直射的机会较少，温度较低，室内外存在温差，可以形成很好的热压通风。桂北地区的山石和竹木是民居的主要建材。因为桂北地区多雨，所以通常采用山间青石或卵石和黄泥砌筑建筑的台基部分，以使墙基稳固耐用，抵抗雨水的冲刷；而为了保证雨水的排泄，屋顶多为坡顶形式，覆以传统的小青瓦。

瑶族民居

因为长期流离迁徙，所以瑶族有"依山结茅"的说法，并由最初的草屋衍变到竹木、干栏、土木、砖瓦等构造的居所。其干栏式房屋具有代表性。相较于壮族干栏，瑶族传统干栏民居最显著的特点是"依山

三江县高友村　摄影：刘英轶

傍水"。瑶族大多居住在山区，他们依附着山和水，充分利用这一优势建造住所。为了解决平地不够的问题，聪明的瑶族人会将选址所在平地之外的一部分不平的地方用杉木支撑木板，形成一块足够大的平整之地。瑶族民居还多采用"人"字形棚居式样，这一结构保证了空气流通，较好地适应了气候湿热的环境。"负阴抱阳，背山面水"是瑶族遵循的建筑"风水"。在建筑材料上，均用杉木，不使用任何漆料，讲求天然，很好地适应了当地自然环境，四季温度适宜。

侗族民居

侗族传统民居也多为干栏式，但其布局善于与地形结合，尤其是在有地势差的地区，利用地形就可以达到良好的通风效果。比如三江县的程阳古寨，村前村后的小溪、农田和树木构成一个低温空间，村内建筑群则构成高温空间，村内村外形成冷热温度差，可以进行冷热空气的交换，形成了自然通风。房子大多坐北朝南，前低后高，可更大面积地接受来自南方的风。侗寨还常见风雨桥和鼓楼。风雨桥是传统的交通建筑，为侗乡人民的出行遮阳躲雨。鼓楼是侗寨的公共建筑，一个侗寨至少有一个鼓楼，大的侗寨甚至有五六个。鼓楼是侗

家人议事、休息和娱乐的场所，寨子里的房屋通常围绕鼓楼建造。鼓楼建筑体型相对高大，重檐和披檐具有遮阳遮雨的功能。

京族石条瓦房

在东兴市的京族居住地，常见以长方形的淡褐色石条砌成的住宅。京族生活在海边，长期居住在海岛之上，以打渔为生。每年他们都会遭受台风灾害的袭击。一般的平房抵御不了台风带来的狂风暴雨。石条瓦房是独立成座的，用长方形的大块石头砌成砖墙，屋顶盖上瓦片而成。为了进一步加强房屋的稳固性，京族人还在屋顶脊及瓦行之间压置一块连接一块的石块或砖头。居室内一般用条石、砖头或木板，分隔成左、中、右三间。正中是正厅，左、右二间则是卧室或厨房。

仫佬族地炉

仫佬族的地炉建于堂屋或厨房。破土之后，首先在地上挖一个坑，然后在坑中用泥砖砌好炉子。为了避免污水流进，炉子旁边会安放一个大水坛。坛口与地炉口都会设置得略高于地面。地炉的主要用途是取暖做饭，一天24小时都可以煮东西，因为火是不灭的。冬天，住在仫佬人家里，不管屋外刮多大的北风，屋里都温暖如春。在潮湿的梅雨季节，屋内的粮食和衣物也都不会发霉。在秋收夏种季节，若逢下雨天气，仫佬族人就会把打下的粮食放在室内，让地炉烘干水分。

桂南民居

桂南民居最值得注意的是"冷巷"。冷巷，指的是外墙与围墙间，或相邻两屋子之间的狭窄露天通道。冷巷受太阳照射面积小，受晒时间短而长波辐射少、空气温度较低而成为"露天冷巷"。还有一种冷巷是指室内连接各房间的通道，此巷道长期不受太阳辐射，空气流通，成为"室内冷巷"。冷巷在南宁民居中很常见，南宁夏季炎热，而冷巷能保持常年阴凉。桂南气候潮湿，尤其是每年三四月份的回南天，空气湿度高达90%以上，传统民居常采用抬高地面标高的方法进行防潮除湿。另外，在墙脚、柱脚使用石头做柱础。石材是不透水的材料，能有效阻隔湿气。过去贫穷人家买不起石材，常选用青砖，也能较好地防潮。此外，桂南民居还在屋面设计上，多采用倾斜瓦顶，不仅能及时排放雨水，而且出挑的屋檐还能减少雨水对墙面的冲刷。

探秘『百鸟衣』

曾涛

　　在广西的壮族、苗族和侗族的居住地区，流传着《百鸟衣》的故事，尽管版本各有不同，但那象征着勇敢和爱情的"百鸟衣"总会给人留下深刻的印象。神奇漂亮的"百鸟衣"附着的是民族文化灵魂，记录的是历史语言。广西壮族自治区是位于祖国西南边陲的一个少数民族聚居地，这些少数民族在长期的历史发展中，产生了独特、绚丽的民族服饰文化。透过民族服饰，我们不仅能解读其历史文化、神话传说、审美情趣，也能一探其间的气象奥秘。

　　少数民族服饰与自然生态环境之间有着密切关系，自然环境对服饰的原料、颜色、款式及其装饰图案等有很大的影响。多姿多彩的少数民族服饰，体现了不同民族对自然生态的顺应和利用。

身着民族服饰的壮族歌者　摄影：高东风　刘宜

白裤瑶群众在庆祝年街节
摄影：陈雪华

　　广西气候温暖湿热，植被丰富，山间竹林如海，藤萝如织，提供了取之不尽的服饰原料。麻、葛、竹、蕉根、木棉、藤条等有韧纤维者皆可成布。宋人周去非在《岭外代答》中记载："冬编鹅毛木棉，夏缉蕉、竹、麻、苎为衣。"在生产力发展水平低下的时期，人们多就地取材，利用当地的植物资源作为服饰的重要来源。因广西宜于植麻、种棉、养蚕，所以后来人们大量用棉花、黄麻和蚕丝织布，自织麻布和土布成了衣裙的主要用料。

　　广西气候适合蓝靛染料的生长，所以服饰颜色以蓝、黑两色为主。蓝色主要以蓝靛为主，是从蓝草中提取的。黑色的原料是枫树叶，再放入适量的碱水进行染制。当然，也有紫色、灰色、红色、黄色等不同颜色，染料是由不同的植物提取的，如红色是将黄姜捣碎取汁加适量石灰水制成，或者用土朱、胭脂花、苏木制作；灰色是将炒过的小红叶与火灰拌匀，并加适量碱水提取而成。

　　色彩也是一种对自然生态的适应。按照服饰颜色，壮族有黑衣壮、蓝衣壮、白衣壮等分类。聚居在山区的壮、苗等民族，居住区域遍布黑色山石和绵延幽暗的森林，人们开门见山，生活环境多呈黑色调，日久天长对黑色调产生偏好，体现在服色上便是多尚黑色、蓝黑色、深蓝色。蓝色、黑色比较耐脏，适合劳作，让生活在干旱山区的人们减少了寻找水源洗衣服的困难。蓝色、黑色还接近岩石的颜色，方便人们在狩猎之时更好地隐蔽自己。在那坡县，至今仍保留着黑衣壮的服饰传统。生活在平坝的壮族、苗族、侗族等，多选择在水源方便的地方建村立寨，从事农业生产。他们喜爱村前屋边的稻田、青葱翠绿的树木和碧水蓝天，故服饰尚青。瑶族多穿红、绿、黑、黄、白多种颜色的服饰，《粤西丛载》记录瑶族人"用五色线杂绣花卉"。他们喜欢穿五色衣服也与其生活于山高林密的环境密切相关，山中的花草树木、飞禽走兽等的绚丽多彩为他们提供了服色的参照，启迪了他们的审美。如金秀县的花蓝瑶，"花蓝"有"花花绿绿"的意思，其妇女服饰皆绣有精美图案，色彩斑斓；又如南丹县的白裤

瑶族小姑娘
摄影：黄路

瑶，其男子常穿白裤，裤上缝制五根红线条；而居住在大海之滨的京族，人们生活的环境多为单一的净色，故服装多为浅蓝色、白色，很少杂色和装饰。

民族服饰的样式也很好地适应了气候环境。广西少数民族习惯头缠软巾，顶覆薄帕，把巾帕用作帽子和抹额，如此装束有利于其在日照强烈、天气炎热的环境下活动。人们出门还喜携斗笠、雨伞、雨盖等，可遮阳散热、挡雨防风、防虫防蚊。因气候终年温暖湿热，广西壮、瑶、苗等民族多穿短装，大多为无领或交领上衣，利于散热、穿脱；裤（裙）短而宽，适应行走山路；衣裙轻薄而短，以适应湿热的天气。居住于山上的瑶族和苗族习惯使用绑腿，防止毒虫侵害和被山间荆棘草丛划伤，到了冬季还有抵御寒冷的功用。因炎热，人们不重视鞋履，多跣足，在家穿木屐或用棕树皮、稻草、山藤织制的拖鞋。居住在山区的民族服饰以厚重为美。生活在海岛上的京族服饰常以丝绸为质地，柔软舒适，可衬托出女性的婀娜身姿，且透气好、沾水易干，适合在海边穿着。

广西少数民族服饰上的各种花纹图案也是来自大自然。上至空中的日月星辰、风雷云虹，下至地面的山川河流、木石水火，以及飞禽走兽、繁花野草，身边所见的自然万物均可化为美丽的纹样，织绣在衣裤裙帽上。如服饰的龙凤纹样，飘然的龙须、卷曲的龙身有着蔓生藤本植物和群山的特征；壮族、瑶族的凤凰图案是由公鸡头、锦鸡身、孔雀尾组成。壮锦作为中国四大名锦之一，其传统图案有数十种，大都选取生活中的可见之物和象征吉祥幸福的花纹。俗话说，"十件壮锦九件凤，活似凤从锦中出"，凤的图案在壮锦中随处可见。壮族人民喜爱凤凰，是因为凤凰寓意吉祥如意。

广西少数民族同胞世世代代在这一地域独特的生态环境下生存繁衍，顺应自然、善用自然，创造了美好幸福的生活，留下了包括服饰文化在内的历史文化。那些濒临消失的美丽图案和历史痕迹，是值得我们尊重和理解的，也是值得我们传承和保护的。

散发泥土芬芳的语言

曾涛

  1932 年，生长于广西东部客家人家庭的语言大师王力先生以一篇《博白方音实验录》的论文，荣获法国巴黎大学文学博士学位。由此，王力逐步登上了国际语言学术的殿堂，广西方言也逐渐为人所知。

  八桂大地，生活着汉、壮、瑶、苗、侗、仫佬、毛南、回、京、彝、水、仡佬等 12 个世居民族。百越文化、中原文化、海洋文化、少数民族文化等在这里交织、交融。这里流传下来种类繁多、特色鲜明、绚丽多彩的方言和少数民族语言，句句都弥漫着山川的灵气，字字都散发着泥土的芬芳。那些独特而鲜活的乡音乡韵已融入人们的血脉里，成为内涵丰富的文化瑰宝。

  所谓"十里不同音，百里不同俗"，在广西 24 万平方千米的土地上，就有众多的民族语言和汉语方言存在。以大方言而论，壮语就有"南壮""北壮"之分。汉语则有西南官话（桂柳话）、客家话、粤语、平话之别，大小总计六七十种，在全国 400 多种方言中约占五分之一。

  自然地理因素中，地貌、气候、水文等对语言影响较大。广西地跨云贵高原与两广丘陵两大地貌带，地形复杂。辖区内山岭众多，海拔 1500 米以上的山峰多达数十座，地势自西北、北部，向东南和南部倾斜。广西河流纵横，形成一个巨大的"树状"水系网。广西属中、南亚热带季风气候区，北回归线从东到西横贯中部，南北跨 5.5 个纬度，东西跨 7.6 个经度，气候的地域差异明显。因地形、河流和气候等的作用，广西形成若干个小的地理区域，每一区域的自然环境差异较大，方言也各不相同。

  大约在秦汉时期，汉语言进入广西，中原民族与广西的百越民族开始融合。时设桂林、象、南海三郡，征发百万大军戍守南疆，形成了广西最早的汉语方

瑶族老人　巴马瑶族自治县文化广电体育和旅游局供图

言——平话。到了唐宋时期，平话成为广西的公共通用语。元明之际，特别是贵州布政司的设立，西南官话取代平话成为广西的公共通用语。历朝历代迁来的汉族来源大致有三类：一是从湖南北下的中原人，主要在桂东北一带定居，该地区处于南岭山系，山地、丘陵、喀斯特与河谷相间分布，气候类型属于中亚热带气候。西南官话（广西称桂柳话）在这一范围广泛流传。有趣的是，同样是说西南官话，但不同地区的人说来音调却稍有差别，柳州人的语调比较刚硬，桂林、河池相对柔和。二是从广东溯西江而上的，主要在梧州至南宁沿西江水系各干支流两岸地区定居，这里属南亚热带气候，地理特点是山地、丘陵与平原、河谷相间，这些地区主要讲粤语。广西有四片粤语区，分布在桂东南地区的"勾漏片"形成时间最早，称为"土白话"，因与少数民族接触时间长，相互间影响较大。三是从广东、福建、江西等省陆续迁移来的客家人，主要分布在桂东及东南地区，多丘陵山地与山间盆地相间，也属南亚热带气候。他们常抱团建成围屋，讲客家话。

　　壮族是广西少数民族中人数最多的，他们一部分占据当地地理条件较好的盆地、河谷，其余部分聚居在喀斯特峰丛峰林区。桂北地区有北壮语区，桂南地区有南壮语区，互相之间勉强可以听懂，但语调甚至不少语音词语差别较大。

瑶族小妹　河池市七百弄乡政府供图

桂北、桂西地处云贵高原斜坡地带，山高谷深，天气多变，语调往往比较高亢粗放。桂东南地形丘陵低矮平缓，气候温暖，语调相对平和。再如瑶族，他们分散在各大山区，素有"无山不瑶"之说。受自然条件和人文因素影响，瑶语是我国最复杂的民族语言之一，有勉语、布努语、拉珈语三个语支。苗族、侗族等少数民族聚居在桂北山区，自然地理条件复杂多样，即使同一民族，语言也因居住区不同而有或多或少的差别。比如苗族支系之多为中国少数民族之最，因而有黔东、湘西、川黔滇三个语支。聚居在东兴三岛的京族，居住地属海洋性气候，濒临茫茫大海，语调比较深沉委婉。

在时间长河里，各地区方言和少数民族语言相互影响，你中有我、我中有你，实现了融合式发展。作为一个民族自治区，广西大约 80% 的人是双语或多语者。在广西，既使用少数民族语言，也同时使用全国通用的汉语和汉语方言，体现着民族平等、团结、互助的国家民族政策，有利于民族团结进步。

语言——水土的声音，民族的原始印记。当你出生后，便自觉地接受了当地语言的依附和缠绕，又自觉地得到了那方水土的濯洗和哺育。于是，方言与水土便成了我们的流通名片，印记着我们的容颜和个性特征。时代变迁，这些语言依然鲜活、灵动、魅力无穷！

山歌好比春江水

曾涛

　　"唱山歌，这边唱来那边和，山歌好比春江水，不怕滩险湾又多……"通过电影《刘三姐》的传播，广西的山歌艺术已为世人周知。其实，"山歌好比春江水"这句歌词的改编还有个小插曲。1959年7月，彩调剧《刘三姐》的歌词为"山歌好似红河水，哪怕滩险湾又多"。1960年4月，广西壮族自治区举行《刘三姐》会演大会，将彩调剧改编成歌舞剧。改编组认为"红河"（即广西红水河）过于具体因而显得局限，而且演唱起来不够顺口，于是将"红河水"改为"春江水"，使歌词更富诗意；将"好似"改为"好比"，使发音更清晰；将"哪怕"改为"不怕"，使语气更坚定。

　　从此，"山歌好比春江水"那悠扬婉转的歌声印刻在人们的心中。其实，

唱山歌（一）　摄影：高东风　刘宜

广西人和歌仙刘三姐一样酷爱唱山歌。从古至今，在美丽的八桂大地上，壮乡人民歌声不断，他们唱山、唱水、唱劳动、唱生活、唱爱情、唱天气、唱丰收……

其实，早在刘三姐登上银幕前，20世纪30年代，著名学者胡适先生就是广西山歌的推崇者。他将桂林山歌写入《南游杂忆》中，并高度评价这些山歌是"绝妙的民歌"。胡适一直把游漓江时记录下的30多首山歌珍藏着，并带到了海外。

广西少数民族众多，形成了绚丽多彩的民歌文化，较为有名的有壮族山歌、瑶族民歌、京族唱哈（京族语言，即唱歌）、侗族大歌、苗族山歌、仫佬族山歌、毛南族歌谣、彝族铜鼓歌等。

壮族山歌是壮族人用壮语演唱的民间歌谣，在壮族地区称为"欢"。壮族是典型的稻作民族，壮族山歌具有农耕文化特征，蕴含丰富的生态智慧。其中，很多以农事活动、节气时令为内容的山歌，展现了他们遵循自然规律、按照一年四季天气变化开展农业生产的场景。如《十二月田歌》："正月家家贺新年，初一十五大团圆，嘴里吃着旧年饭，心里想着新年粮。二月初二二月间，坡旁地边起火烟，田边看见哥挑粪，妹也无心来偷闲。"此歌劝诫人们初春就应该把精力放在农事上。再如《种稻谣》："正月犁耙田，二月修田基，三月播谷秧，四月播秧时，五月祭田魂，六月耘田去，七月禾怀胎，八月穗出齐，九月早开镰，十月湿谷到屋里，十一月干谷进了仓。"歌曲表现了壮族人民全年的劳动场景，他们已经能很好地根据自然规律来安排农业生产了。还有《采茶歌》："三月鹧鸪满山游，四月江水到处流。采茶姑娘茶山走，茶歌飞向白云头。草中野兔穿过坡，树头画眉离了窝，江中鲤鱼跳出水，要听姐妹采茶歌，采茶姐妹上茶山，一层白云一层头，满山茶树亲手种，辛苦换来茶满园……"其歌如同描绘出一幅美丽的自然风光画作。此外，壮族山歌还有表达祭祀、礼俗等内容的。

壮家处处有歌圩，人人爱对歌，形成独特的歌圩文化。壮族等少数民族长期分散居住在山区，赶圩是他们重要的商品交易活动，逢"圩"日对歌由此而起，犹以农历三月初三为盛。宋代《太平寰宇记》载，"男女盛装，聚会作歌"。壮族歌圩有三种类型：节日性歌圩，多在春秋二季，以农历三月初三、四月初八和八月十五为最盛；临场性歌圩，如遇群体劳动、集市、婚娶聚庆等场合会唱；竞赛性歌圩，是有组织的山歌比赛。歌圩活动主要内容，一是以歌交情，即男女青年唱歌求偶；二是赛歌赏歌，歌手们比智慧赛歌艺；三是游艺自娱，有抛绣球、斗蛋等活动，还有壮戏、师公戏、

唱山歌（二）　　　　　　　　　唱山歌（三）

唱采茶等。

　　瑶族世代居住在大山里，有"隔山不同调，隔岭不同音"的地域差异，他们的民歌呈现出不同的特点。以金秀大瑶山为例，这里的瑶族分为茶山瑶、盘瑶、坳瑶、山子瑶、花篮瑶5个支系。茶山瑶最早进入大瑶山，元末明初他们就开始迁徙于此。他们开田种谷，栽植茶树，劳动成果和经济来源主要依靠山林。茶山瑶的"香哩歌"就是在那茫茫林海的特殊环境中产生的。而频繁迁徙也造就了盘瑶和山子瑶的"过山音"。这两个支系都是饱受压迫和残害，不得不逃进深山老林里，所以他们用"入林唯恐不深，入山唯恐不高""贫苦山丁多苦难，背起背篓把家搬，过了一山又一山，一山更比一山难""铜铁拐杖也撑断，铁线草鞋也磨穿，血泪落在草叶上，大旱三年晒不干"等歌词来表达其艰难困苦的生活。大瑶山自然景观雄奇秀美，这在瑶族民歌上也有反映，如《蝴蝶歌》中"山上咧呦喂茶花，花蝶蝴蝶咦呦喂得得呼来"，听来婉转动听，与秀美的自然环境相得益彰。此外，瑶族民歌在曲调方面激昂高亢，较少采用拖腔，适合在深山密林中传播。

　　广西北部湾沿海地区的疍家民歌和京族民歌则有不同的特色。例如，京族世代靠海而居，以海为生，形成了唱哈文化，并有唱哈节。唱哈节主要感谢大海恩泽和庇护，祈求风调雨顺、平安富足。由于和汉族有着长期密切的文化交流，他们既能用京语和"京曲"歌唱，也能用汉语、粤方言（当地称为"白话"）和"白话山歌"曲调歌唱。

　　八桂大地无处不飞歌。山歌流动在壮乡人民的血液里，是他们的情感寄托和精神家园。山歌是广西独特的文化符号，是解读这方神奇山水的"金钥匙"。山歌又起，一江春水流……

奇特的广西地名

曾涛

在广西，以"那""峒""坛"等为地名的比比皆是，这些奇特的地名往往让初来乍到的外地人摸不着头脑。明代郭子章曾称"郡县名称在西粤亦自有难解者""西粤与交趾诸夷为邻，故域殊而名杂"，说的就是广西地名的独特性。

地名是一个地方的"门面"和"符号"，留存着历史的印记。广西自古为多民族边疆省（区），地跨云贵高原与两广丘陵两大地貌带。辖区内气候类型不同，山岭众多，河流纵横。同时，广西是百越文化与中原文化的交汇地带。受自然条件、人文环境、民族、历史等因素的影响，广西辖区内的地名具有鲜明的民族特征与自然地理特色。

广西稻作文明历史悠久，在稻作民族的心目中，土地是最宝贵的财富，人们的生产和生活，都以土地为转移，以农耕为一切行动的出发点和落脚点。最明显的表现便是依田地定居，以田地论人，用田地取名，为田地设神。其地名

有显著的农耕环境特色。

第一类是以所居地的地形取名的。广西的山岭面积占总面积的71%。依山傍水，是自古以来村庄选址的一般规律。壮族村落多分布在山脚的坡地下，其聚落点背后有山岭作为依托，既可以挡住背面来的风，又给人一种依托和安全感。而且山岭坡地经过了漫长岁月的堆积，土层厚实，临近水源又不易被水淹没，适合建造永久性的聚落点。据统计，在广西的地名中，与山谷有关的字有7122个。例如"峒"（亦作"洞""垌"）。古代文献所载的"峒"指少数民族聚居之所，史载"僮人聚而成村者为峒，推其长曰峒官"。实际上，从自然条件来看，"峒"是指溶蚀的洼地，四周为石山环绕，中间为平坝，四周的石山可以阻挡寒潮的侵袭。这些取名为"峒"的地方，往往土地肥沃，灌溉便利，气候适宜，农业通常都较发达，水稻一年可以两到三熟。由于峒中适宜农耕，是古代广西人口的主要分布地。在广西左右两江流域河谷平原一带，峒的面积较大，诸峒林立，史书中常称"左右两江溪峒"。还有"岜"和"弄"。"岜"在壮语中表示石山，"弄"指山岭，多出现在岩溶地貌广布、农耕生产 条件较差的地区。这些地方，居民赖以耕作的只有山中覆盖着薄土的缓坡以及低洼的小平地。有名的七百弄国家地质公园就是由5000多座峰丛深洼地的山弄组成。此外，还有六（山谷）、隆（森林）、百（入口，引

七百弄风光（一）

申为处所）等，以此得名的有百色、隆安、隆林等市县。

第二类是以田地命名的。当地居民为了生产劳动和生活的便利，于田边起屋建村，并以水田地名为村名。据统计，"那"是广西壮、侗、仡佬等少数民族使用最广泛的地名用字。水稻是种植在田地上的，在壮、侗语族各语支和方言中，以"那"字表示水田或田地。据研究，"那"字地名90%以上集中在北纬21°~24°，大多数又在河谷平原。除了广西，另有一部分"那"字地名分布在广东西南部、云南南部，以及缅甸、越南、老挝、泰国北部等。这个地带积温、雨量、日照、土壤等都适宜水稻生长。壮族将不大不小的田地称为"那卜"，田中有水的称为"那林"，田中无水的称为"那天"，常年沤水的烂泥田称"那乜"，圆形的田称"那满"，新开辟的田称"那少"，用石头围砌的田称"那固"，位于村寨边的田地称"那马"等。广西地名中与田地有关的字有3833个，还有"大""田""纳""利"等。

第三类是以水源或河流取名的。在古代社会，人类利用、改造自然的能力低下，因此充足的水源是人们生产生活要考虑的重要因素。广西辖区内分布着许多大小河流，这为稻作生产提供了良好的条件。如"冲"，意指"小的溪河"。广西辖区内终年高温多雨，山岭间小的溪河遍布各地。"冲"所在地多为山谷，其降雨时雨水迅速汇集，易形成山洪。也因植被茂密、水源丰沛，适宜开垦。又如"坛"，在壮语中意为"水塘"。广西有很多带"坛"的地名，"坛

七百弄风光（二）　摄影：葛振宇

七百弄风光（三）　摄影：葛振宇

刘"（村名）意即"刘氏的水塘"，"坛洛"（镇名）意即"称作'洛'的水塘"。在广西的地名中，与水有关的字有 4540 个，还有"塘""江""屯""里"等。

还有以气候取名的。广西北部湾地区经常受台风袭击。明清时期修撰的《廉州府志》记载当地一些小地名与此有关。如大浪头，建于 1820 年，是因为常受风吹，波浪大而得名。大墩海，建于 1764 年，原名叫大墩，即大沙墩，是因为防海潮而修筑的沙墩而得名。

此外，还有以动植物命名的。广西终年高温多雨，许多树木长势高大，成片生长，不少地名与所在环境生长的树木相关。桂树是广西生长较广的常绿乔木，八桂是广西的代称。广西与桂树有关的地名，县级以上的地名有桂林、桂平。桂林之名，最早源于秦代在岭南所设之桂林郡，辖地甚广。柳树也是广西常见树种，广西地名中也有柳州、柳城等。唐代文学家柳宗元曾在柳江边广种柳树，并作诗称"柳州柳刺史，种柳柳江边"。还有以桐、枫、榕、松、杉、木棉等树木及竹、藤有关植物取名的。广西因独特的气候条件，一年四季水果不断，荔枝、龙眼、杨桃、杨梅、香蕉、芭蕉等广泛种植，这些水果类植物在广西的地名上，也多有反映。如荔枝垌、杨梅冲、蕉芭林等。在以动物命名方面，历史上广西可能是亚洲象的分布地，在地名上有象州县、南宁市五象岭等。以龙、虎、牛、马等动物取名的情况也较常见。

地名是历史的活化石，它凝固着几千年来人们对地理、人文的认识，也背负着人们对故土、家乡情结的托付，寥寥几个字，却可演绎出一串故事。

137

灵渠：一渠清水长流千年

刘晓君

"轰咚嗒轰咚嗒吱吱……咕咚咕咚哗啦……"灵渠景区入口处，左右两架水车亘古不变地转动着，滚动，舀水，送水，似在述说着千年前这里发生的故事。

耳畔齿轮摩擦的声音，带着历史的风霜，带你缓缓梦回秦朝。

公元前214年，历时4年之久，灵渠凿成通航，是秦始皇为了通粮运统一

灵渠　摄影：刘晓君

岭南而令史禄率士卒和当地劳动人民开凿的运河。灵渠的修通，连接了湘、漓两江，贯通了长江和珠江两大水系，从秦朝至民国的两千余年，一直是中原和岭南唯一的交通枢纽，有着"世界古代水利建筑明珠"的美誉。

灵渠，古称秦凿渠，又称零渠、陡河或兴安运河，位于广西壮族自治区桂林市兴安县辖区内。

兴安县地处广西东北部，属亚热带湿润季风气候，年降水量充足，但雨量季节分布不均，汛期降雨量占全年的75%，夏涝秋旱的灾害现象常有发生。故除了水运，灵渠的修建还福泽了沿岸百姓。

早在宋朝就有灵渠灌溉农田的明确记载，如《宋史》载："郡旧有灵渠，通漕运，且溉田甚广。"南宋地理学家周去非在《岭外代答》中描述灵渠"渠水绕迤兴安县，民田赖之"。直至今日，这条古老的运河仍延续着灌溉、防洪的功能，悠悠一水，造福万代。据悉，灵渠总灌溉面积达6.5万亩[①]，覆盖兴安县的5个乡镇186个自然村，受益人口达5.9万人。

如今的灵渠主要工程有铧嘴、大天平坝、小天平坝、南渠、北渠、泄水天平、陡门、堰坝、秦堤、桥梁等。铧嘴因形似犁铧而得名，呈不等边四边形，三面筑有石堤，另一面大、小天平紧紧连接其后，两侧分别向南北伸延，与铧嘴形成"人"字形拦河坝，分别将湘水引进灵渠北渠和南渠。天平和铧嘴的巧妙连接，劈水分流，称水高下，恰如其分，发挥着平衡水位的作用，枯水期将海河水引入南北渠，确保灵渠水位通航运；汛期来临，洪水越过天平流进湘江故道，既可拦水，又能泄洪。北渠长3.25千米，引水入湘江下游；南渠长33.15千米，穿越分水岭流入漓江。秦时的匠人何其智慧，巧借地形，凿水塘筑坝分水，使得湘江水"三分入漓七分归湘"。

"石渠南北引湘漓，分水塘深石作堤。若是秦人多二纪，锦帆直到是天涯。"明代被贬广西布政司参议诗人谢缙的《兴安渠》道出了灵渠的概貌特征。

2018年8月14日，灵渠成功入选世界灌溉工程遗产目录，成为广西首个"世界灌溉工程遗产"。

故道、石桥、古树、倒影，沿渠而行，慢慢领略"行尽灵渠路，兴安别有天。经缘桥底入，舟向市中穿。桨脚挥波荡，蓬窗买酒便。水程今转顺，翘首望前川"（清代·苏宗经《出陡河过兴安县》）的岭南水镇风情，体会郭沫若先生"北有长城，南有灵渠"的感叹。

---

① 亩≈0.067公顷，下同。

合浦：海上丝绸之路始发港

冼懿端　林鲁彬

西汉铜凤灯

海上丝绸之路是古代人们借助季风与洋流、利用传统航海技术开展东西方交流的海上通道。由于航海造船技术不发达，古代航海活动基本保持在近海地区，以便利用沿线岛屿、大陆海岸等地标导航，进行商品贸易的同时，获得充足的食物补给。

广西北部湾地区地处低纬度的信风带，拥有绵长的海岸线和常年不冻的良港，具备了航海所必需的风向、潮流、港湾等自然条件。而位于北部湾东北岸的合浦郡（现北海市合浦县），则以得天独厚的气候、区位和经济优势，自汉武帝以后到东汉末年的 300 多年间，成为海上丝绸之路的始发港。

自西汉设郡，合浦一直是汉代岭南的政治、经济、文化中心和南海对外海上贸易的枢纽。合浦郡位于北回归线以南，北倚丘陵，南临大海，面向东南亚，地理位置优越，区位优势十分突出。辖区内沿海平原广阔，天然港湾众多，水网交错，与中原地区交通联系极为便利，也是当时中原通往交趾郡与南海诸国的咽喉要地和最便捷的通道。当时，船只为了减少风险并获得最便捷的航线，只能沿着海岸航行。《地理科学》2004 年第 12 期曾刊载："西汉时指南针尚未应用于航海，风帆也未出现，故（航行）必须利用海流。"合浦郡一带属于亚热带季风型海洋性气候，春末至夏季盛行西南季风，秋季盛行东北季风，恰好符合这一要求。

早期的海上航行除了需要天然港口、中转站等客观条件支持，还需要人们对造船术、航海术等技术的掌握。早在"独木舟航海时代"，人类就注意到要根据气象条件选择出航时间和航海海域。到了"帆船时代"，人们已能利用海上的风作为航行的动力。为了确保航海安全，人们开始重视航海气象的研究，航海气象学也应运而生。航海气象为船舶航线的选择、安全航行及航海计划的制定，提供了各类天气预报数据和气象服务保障。

合浦郡地处北部湾畔，南流江入海口，辖区内地势平坦，土地肥沃，雨量充沛，夏热冬暖，气候适宜，具有发展稻作农业的天然条件。从已经发掘的汉墓中，有用铜碗装着稻谷的随葬品，还有大量陶仓模型。这些陶仓大都呈长方形，像一间平房，前有门，门槛较高，其余三面封闭，显然是用于储藏保管粮食之用。这就表明，当时合浦郡的粮食储备比较丰富，为经济发展和对外贸易提供了物质基础。农业、手工业发达，

西汉铜狗

东汉晚期波斯陶壶

商品贸易经济也很繁荣，特别是本地的采珠业。"西珠不如东珠，东珠不如南珠"是明代史学家屈大均在其著《广东新语》中对合浦南珠品质的赞誉。合浦珍珠驰名中外，是早期贡品。

汉代合浦的兴盛不仅得益于独特的地理位置、丰富的物产，还源于当时环北部湾地区是中国封建王朝的属地，海上交通便利，物流自由往来。中国远洋巨舶由此出发，到东南亚各国通商贸易；而东南亚各国船舶也从合浦港登陆，这些国家的使者和商人要取得中原的联系，必经合浦。频繁的商品贸易，加强了合浦郡与各地之间的经济交往，从而形成一个以合浦郡等为中心的经济贸易圈，对远洋贸易发展起到了很好的促进作用，合浦郡由此成为中国与外国经济交往的重要纽带。

2017年4月19日，习近平总书记考察合浦汉代文化博物馆时，赞扬合浦县有深厚的文化底蕴，同时指出向海之路是一个国家发展的重要途径，合浦围绕古代海上丝绸之路陈列的文物都是历史文化，要让文物说话，让历史说话，让文化说话。目前，合浦县有三处海上丝绸之路遗产点被列入中国世界文化遗产预备名单申报遗产点，分别是汉墓群、大浪古城遗址和草鞋村遗址，这三处遗址均是国家级重点文物保护单位，并被列为"十三五"时期国家大遗址保护项目。

如今，合浦县以国家推进"一带一路"合作为契机，依托独特的地理区位、丰富的海洋资源、良好的生态环境优势，坚持面向海洋发展，着力打造"汉韵古城、海丝首港、客家水乡、滨海养生"四张特色品牌，迎来新的历史发展机遇，再次焕发蓬勃生机。

钦州港：从南方大港
梦到西部陆海新通道

邝良俊　施佩宏

钦州港（一）　摄影：李斌喜

　　钦州港位于北部湾顶端的钦州湾内，北靠南宁，东与北海市相邻、西南与防城港市交界，面向东南亚。港内水深浪小，淤积少、潮差大，陆域宽阔，海、陆、空交通十分便利，拥有得天独厚的区位优势和优良的建港条件。1919 年，孙中山先生在《建国方略》中将钦州港列为"南方第二大港"，在百年前已经为钦州港描绘了一个"南方大港"的美好蓝图。

其实，早在东汉孟尝在合浦开珠市后，钦州就开始了对外贸易。自隋唐以来，钦州港已是我国南方的重要口岸。北宋时，宋真宗赵恒诏令准许交趾（今越南）"互市于廉州及如洪镇"，钦州如洪镇由此成为对外贸易的重要港口及中原文化与交趾文化交流的重要基地。宋元丰二年（1079年），朝廷批准了广南西路经略使曾布"在钦、廉州宜各创驿，安泊交人，就驿置博易场"，钦州因此成为中国大西南地区与海外贸易的中转站。到了元、明两朝，钦州成为南方贸易中心之一。

1992年8月1日，伴随着一声响彻天际的"开山炮"，钦州港大开发的序幕正式拉开。在那个缺少资金和大型建设机械的年代，钦州人民发扬"不等不靠、自力更生，艰苦奋斗"的精神，实施全民集资建港，掀起全民建港的热潮，真正开始了"南方大港"的圆梦征程。

1994年1月，两个万吨级起步码头建成投入使用。

1997年6月，国务院批准对外开放钦州一类口岸，同年，成立省级钦州港经济开发区，出口市场扩大到美国、俄罗斯、加拿大、荷兰、埃及、阿根廷等23个国家和地区。

2000年8月，钦州港被定位为临海工业港，钦州港经济开发区率先规划建设首期为10平方千米的广西大型临海工业园，临海工业项目如火如荼，制药、建材、化工、冶金、石化等纷纷进园落户，工业产值大幅提高，实现了低基数高增长，超亿元的工业项目不断落户动工。

2004年2月，10万吨级航道开建，钦州港建设实现了历史性跨越。

2007年底，钦州港吸纳码头经营及仓储企业32家，全港设计年吞吐能力2383.5万吨。

2008年5月，国务院正式批准在钦州港设立钦州保税港区，并以"一天填海造地40亩、7天建成一层楼"的"钦州速度"提前完成了建设任务。

2010年，钦州港建成万吨以上泊位23个，港口吞吐能力4000万吨以上。

2011年，国家级钦州港经济技术开发区挂牌成立。

2018年，集装箱国际航线22条；"蓉欧+""渝桂新""中欧班列"开启了海铁联运新时代；钦州港港口贸易货物吞吐量首次突破1亿吨。创下历史新高，圆了亿吨大港梦。

2019年8月，中国（广西）自由贸易试验区钦州港片区正式设立。

百年弹指一挥间……

钦州港（二）　　　　　　　　钦州港（三）

　　耸立在钦州港的孙中山铜像一直注视和见证着脚下的这片热土在时代的潮流中大步向前迈进发展。而同样作为钦州港快速发展见证之一的港口气象服务，也紧随着钦州港的发展步伐逐渐加大，风生水起。

　　钦州港地处低纬地带，位于大陆气团和海洋气团的交汇带，天气气候异常复杂，台风、雷暴、大风、强降水等灾害性天气及其次生衍生灾害出现的频次高、强度大，专业气象服务对保障港口发展的作用日益重要。

　　钦州港港口气象服务从20世纪90年代开始，逐步实现了从无到有的转变。目前，由钦州市气象局承担建设的中国—东盟海洋气象监测预警中心已经完成基础设施建设，新一代数字化多普勒雷达安装运行；钦州沿海区域共布设自动气象站17个。服务的方式从电话增加到现在的短信、微信、电子邮件、网页、APP、大喇叭、显示屏等；监测预报的手段从最早的"713型雷达"到现在的自动气象站、海洋船舶气象站、多普勒雷达、卫星以及各种模式的预报系统平台；服务的对象从政府部门精细化到码头吊装作业、石化原油过驳等各个单位的生产环节；服务的内容包括短时临近预报、重要生产时段跟踪预报等。

　　经过20余年的发展积累，钦州港港口气象服务已经形成了一套完善的服务模式，有能力根据用户的需求提供定点、定时的精细化专业服务，为政府、企业的防灾减灾、安全生产提供有力的保障。

　　曾经的荒滩僻野无人问津，如今的临港工业新城世人瞩目。现在的钦州港更是把发展的目光越过了北部湾，向东南亚远眺展望。通过完善产业链，推动产业聚群，提升石化、装备制造、能源、造纸、粮油加工、现代物流六大产业，坚持陆海统筹，抢抓国家陆海贸易新通道建设历史机遇，融入"一带一路"南向通道建设，不断构建大开放、大通道、大港口、大产业、大物流新的发展格局。

唱着山歌防天灾

罗桂湘　黄姿娜

在"歌仙"刘三姐的故乡，以山歌为载体宣传普及气象知识，已成为广西气象科普宣传的一张亮丽名片。

近年来，广西气象部门将气象知识与壮、苗、侗、瑶等多民族山歌相结合，通过部门联动、社会带动、群众互动，以项目扶持气象山歌创作，每年举办 3～5 场气象山歌会，开展气象山歌征集和传唱活动，研发书籍、影视、漫画、文创等气象山歌科普作品，累计出版山歌 5000 多首、山歌光盘 5000 多张，气象防灾减灾知识载着朗朗上口的山歌在壮乡大地广泛传播。特别是 2017 年出版的《气象灾害防御山歌》，对气象山歌进行了进一步创作和挖掘，歌集也进一步扩展和丰富，在各界群众中反响强烈。

气象山歌内容丰富，实用性强，涵盖高温干旱、暴雨洪涝、雷电、冰雹、雾和霾、低温冷害、台风等气象灾害防御知识的方方面面。从气象专业层面历数灾害的繁多种类、各自呈现的状态、导致的不同后果，再通过山歌传唱赋予受众必要的防范常识，达到防灾减灾的目的。

比如高温干旱，分析成因有："气象干旱是什么？蒸发太多雨难落。土壤河塘要储水，降雨少来蒸发多""天气干旱啥原因？天不下雨是根本。地表地下水位低，收入支出不平衡"。再从气象层面解释高温干旱的不同状态，如"干旱划分有等级，缺水状态有差异；四个级别分得好，科学界线好清晰""天气冷热有分寸，三十五度算高温；三十七度称酷暑，气象灾害便发生"。最后引出八项防御办法，如"一是户外工作时，防护必须有措施；裸晒皮肤莫太久，清凉饮料要多吸""二是走路莫要急，人多莫要大聚集；外面回到屋内后，莫忙打开空调机"等。

气象山歌的形式多样。既有"板块"山歌对气象灾害防御知识进行介绍，又有提供山歌对唱的歌集，方便对唱双方围绕同一主题展开，内容幽默风趣。

比如防范寒冻灾害："今晚我们攻擂台，眼拐（方言，意指暗送秋波）莫忙打过来；聊情的话先莫讲，防寒山歌唱一排""作物冻坏妹莫忧，调整产业再起头；改种耐寒新品种，来年照样得丰收"。

此外，还有气象常识问答，以一题一歌的方式出现，用通俗易懂的语言回答专业性较强的气象问题。比如提问："广西的汛期是从哪月份开始到哪月份结束？"答："江河涨水靠大雨，蜜蜂酿糖靠绝技；广西四月进雨季，四到九月是汛期。"

气象山歌脱胎于传统的民族山歌，大量采用群众喜爱的山歌赋、比、兴手法，所用的比喻全部源于对生活的感受，对事物的细致观察，比喻用得惟妙惟肖，形象准确，耐人寻味。如："霾的害处也蛮狂，细小粉末满天扬；若是吸入人气管，咳嗽像打机关枪""对待高温要沉着，精神必须要振作；要像悟空耐炉火，太上老君难奈何"；又如"有的司机性子烈，大雾天气开快车；开到半路车相撞，好比苗岭斗牛节""闪电电压也蛮高，几亿伏特打水漂；强度雷暴千万瓦，计费无人能报销""治霾工作要抓紧，必须先找它成因；好比找到老鼠洞，我们才好放火熏"……这些山歌让人听得懂，记得住。

气象山歌贴近生活，生活中的所见所闻所感，信手拈来，即成山歌。山歌在语言的运用上乡土气息浓厚，达到了口语化、韵律化，既通俗易懂又寓意深长。如："讲到冰雹人心忧，好比天上掉石头；皇官老爷忙着躲，田地五谷也翻苑""雷电特性有两种，又闪电来又雷鸣；这种灾害最可怕，吓不死人电死人""要想彻底治雾霾，必须节能和减排；生态平衡环境好，人间美景像蓬莱"；又如"哥养蚕虫妹种蔗，哥养蚂拐（方言，指青蛙）妹养蛇；巧用气象收入好，'财神'光顾我屋舍""轻旱常年雨水少，地表空气像'干捞'（意指华南地区特色小吃——没有汤水的米粉）；土壤水分不够量，轻度影响长禾苗"。这些山歌朗朗上口、生动有趣，在传唱中达到了寓教于乐的目的。

唱山歌　摄影：高东风　刘宜

海洋民族——京族

韦樊妮

唱哈　摄影：曾涛

在中国大陆海岸线的最西南端，有一座被誉为中国西南门户的城市——防城港市，这里生活着一群中国唯一的"海洋民族"——京族。这个民族是中国人口最稀有的民族之一，他们沿海而生，因海而育，世世代代以打鱼捕捞为生，京族三岛是他们唯一的聚集地。京族三岛隶属广西壮族自治区防城港市东兴市，背倚十万大山，与越南仅一水之隔。京族三岛中的巫头、万尾二岛与越南更是近在咫尺，鸡犬相闻，涉水可渡。

京族三岛的来历

京族三岛之地相传古时原为汪洋大海，附近白龙岭上有个石洞中住着一条大蜈蚣精，常跃入海中，掀巨浪如山。往来船只必献一人与之食，否则此精便兴风作浪，攞船中人尽食之。有位善心神仙用计将烧红之物投蜈蚣精口中，蜈蚣精烫痛，乱翻乱滚，断为头、身、尾三节，后化作三个小岛。头部所化之岛为巫头岛，身部所化之岛为心岛（现山心岛），尾部所化为万尾岛。后来京族世代聚居于此，被誉为京族三岛。

京族的服饰

京族是越南的主体民族，占越南总人口的86%，但是在中国辖区内，京族人数非常少。北部湾这一区域为海洋性季风气候，气候温和湿润，降水量极大，冬暖夏凉，气候宜人。简单、凉快是京族服饰的主要特点。因为气候比较湿热，京族传统服装在面料上都选择透气性比较好的、质地较为轻薄的布料。因一年四季光照猛烈，他们只要出门就会戴上斗笠。京族女子穿白色、粉红等浅色无领对襟长袖紧身衣和宽大的深色长裤，赤脚，戴尖顶斗笠。男子穿对襟上衣、宽大长裤，束腰带，赤足，戴斗笠。

京族的哈节

京族三岛深藏着首批国家非物质文化遗产——哈节。京族哈节，又称"唱哈节"，所谓"哈"或"唱哈"即唱歌的意思。京族哈节的日期各地不同，万尾、巫头二岛为农历六月初十，山心岛为农历八月初十，海边的一些村落则在正月十五日。虽日期各异，但节日的形式与内容基本相同。各地都有专门用于哈节活动的建筑物——哈亭。京族哈节活动由祭海、乡饮、社交、娱乐等内容组成。每个民族都有属于他们自己的独特器乐，京族值得一说的就是拥有5000年历史的独弦琴，以其仅有一根弦而得名，演奏方式非常独特，琴声飘渺悠长、旋律动人，令人回味无穷。

独特的海洋民族

根据中国气候区划方法，京族三岛属北热带气候，年平均气温在23℃左右，高于35℃的酷热天气少，年平均相对湿度80%，年平均日照时数超过1500个小时，冬暖夏凉，海风清爽宜人。岛上绿树成荫，海边林带达4000多亩，有270多种鸟类，特别是数以万计的白鹤栖息于此。

京族是海洋民族，海洋渔业是京族生存繁衍之本。如今，渔洋捕捞、海水养殖让京族同胞走上了富裕的道路。京族人民的食物大部分来自海洋，并且创造了许多独具风味和特色的传统食品，蕴含浓郁的海洋气息和民族文化内涵。每年8月封海期过后，是京族渔民一年中捕鱼的黄金季节。在京族三岛海边，可以经常看到一个奇特有趣的现象：京族人戴着斗笠，踩着高跷站在海水里捕鱼，这便是京族特有的高跷捕鱼。

靠着勤劳和智慧，如今的京族家家户户都盖起了小洋房，村落大道笔直、干净整洁，一跃成为中国最富有的少数民族地区之一。

有温度的风景

曾涛

漓江日出　摄影：阮海

"仁者乐山，智者乐水"。踏着早春的脚步，那就到桂林山水间走一趟吧。象鼻山下，倚一崖青黛；漓江岸畔，鞠一泓清浅；于碧翠处望群鸭戏水，抚平了繁杂疲惫的心绪。

桂林山水何以"甲天下"？人说："山清水秀，洞奇水美。"诚然，其自然景致当属天公厚爱。但是，同样拥有喀斯特地貌的其他景区却罕有名头响过桂林的。我想，是因为桂林的山和水，是有魂与根的，是有温度的风景。

有人说："中国文学有一半是旅游文学。"山水和血肉相连，秦砖汉瓦的遗存仅是表象的存在。大到世界观、人生观，小到小情绪、小感动，都在山川凝神处、水云聚散间刻下了深刻的烙印。桂林山水有 2000 多年的历史，早期，许多自然环境尚未被开发，处处皆无景可言。秦朝开凿灵渠，汉代以来辟读书岩、孔庙等，帝王将相、文人骚客纷至沓来，使桂林山水逐渐成为名声大噪的旅游胜地。"游山如读史，看山如观画"，山水与文化"联姻"，自然资源与人文资源相得益彰。

地处偏远的广西，无论是当地人还是被贬谪或流放到此地的人，他们身上都有一种奇特的性格，即乐观豁达、爽快直率。这就是人们说的"山水能陶冶人的情操"吧。古往今来，多少文人骚客在山水间得到慰藉。学韩愈在"江作青罗带，山如碧玉簪"的佳处小酌一番，人生快意莫不如此，何来烦心事萦怀？

每晚当夜幕开启，阳朔县城两百多位渔民便会走进《印象刘三姐》的实景演出场地，他们的任务很简单——演自己。在八桂大地上，在这一片神奇的土地上，生活着壮、汉、瑶、苗、侗、仫佬等 12 个世居民族。各民族独具特色、淳朴热烈的习俗，形成了许多美丽古老的传说。这里的山歌好比春江水，点缀了山水；这里的风情如同水墨画，浓淡相宜间为山水染上一层神秘而绚丽的色彩。我想，如果这种"和而不同"的精神能那么持久、牢固地植根于山水之间，那么，这里的呼吸当是甜蜜的、温热的。

桂林市中心城区以四五层的楼房为主，鲜有高楼大厦。不慕虚荣，要留风景，这是一种与山水共进退的姿态吧？什么是和谐？"山水虚化了，也情致化了"，山水美与精神美融为一体，把个人情感投射到自然中去，实现个人生命与宇宙生命的合一。

于是，人们的喘息吟唱、言谈笑话，都赋予桂林山水一种美，给山水间的日子带来悠然自得的乐趣。风景，还是有温度的好。去吧，去寻找那些有温度的风景！

春天里的『三月三』
——流淌在壮乡的歌

曾涛

　　"唱山歌,这边唱来那边和。山歌好比春江水,不怕浪险弯又多,弯又多……"农历三月的广西,铺天盖地的花红柳绿,早已渲染成一幕盛春图景。悠扬的歌声在山间回荡,在涧边流连,在城镇游弋,这就是壮乡的"三月三"。

　　作为壮族最具代表性的传统节日之一,"三月三"有着深厚的历史底蕴,寄托着壮族人民勤劳朴实的生活观和对美好生活的向往。在广西过"三月三",有三件事是少不了的:赶歌圩、抛绣球、吃五色糯米饭。

　　"三月三"到广西,不赶一回歌圩,那是白来了。壮乡的"三月三"是"歌的海洋",到处是嘹亮的山歌声,到处是唱歌的人。那唱的人唱得带劲,那听的人听得过瘾。到了这里的人,唱歌的、听歌的各得其所,都毫不例外地融入

欢乐的"三月三"　摄影:陈雪华

了山歌的海洋。壮族是稻作民族，在生产力低下的年代，天气、劳力等是决定当年收成的主要因素。因此，祭祀神灵和先祖成为壮族先民祈求丰年的主要手段，而以歌代言的壮民认为唱歌可以乐神，因此歌唱成为祭祀祈祷的主要形式。

壮乡的"三月三"也是爱情萌动的季节。花前树下、江畔岭旁、屋前院后，青年男女成群结队。男的潇洒，女的漂亮，互对情歌，用歌表情，用情唱歌。在一唱一和中，爱情萌芽了、发展了、成熟了。有专家考证，"三月三"可能是中国最古老的情人节了。《诗经·郑风·溱洧》有记载："维士与女，伊其相谑，赠之以芍药。"时下，史册翻新篇，壮族青年男女依然在这春情盎然的时日，以歌抒情，美妙的山歌随着春水荡漾开去。

在"三月三"，壮族还有一项特有的活动——抛绣球。在著名电影《刘三姐》里，刘三姐抛给阿牛哥的定情信物就是壮族特有的手工艺品——绣球。一抛一接，含蓄而浪漫。电影为媒，让壮族这种抛绣球的浪漫传遍了国内外。不过，这抛绣球一开始并非因男女传情而产生。在崇左花山岩石上，有距今2000多年的壁画，描绘了壮族先民最早抛绣球的场景。只是画上的人抛的是青铜铸制的名为"飞砣"的兵器，这种兵器主要是用于作战和狩猎。到了宋代，抛飞砣变成了抛绣球，"男女目成，则女爱砣而男婚已定"。浪漫沿袭至今，绣球飞处，情感在流淌。

在壮族的"三月三"里，一定会出现的美食就是五色糯米饭。黑、红、黄、紫、白五种颜色伴随着香糯的浓浓米香，清香、艳丽、软绵而富弹性，让人们的舌尖享受着味觉盛宴。五色糯米饭，俗称五色饭，又称乌饭、青粳饭或花米饭，因糯米饭呈黑、红、黄、紫、白五种颜色而得名，是壮家用来招待客人的传统食品。黑色是五色中最重要的一种颜色，时至今日，评价五色糯米饭制作的优劣，还是以黑色的纯黑程度作为最重要的标准。民俗学者认为，五色糯米饭的产生，客观上与壮民族生活的地理区域有着直接联系。在用料上，是由黄姜、枫叶、红兰草、紫藤兰的汁浸染而成。这些植物本身都有一定的药用功效，因此五色糯米饭也有滋补、健身、医疗、美容等作用。不仅如此，五色糯米饭还有消灾难、交好运的祈福含义，与"三月三"的节日内涵相对应。吃上一口色香味俱全的五色糯米饭，舌尖上回味并延续着壮族千百年来的饮食文化积淀。

壮乡的"三月三"，就是一首流淌的歌。这首歌里，包含着对历史的传承、对自然的尊重、对现实生活的豁达自信。若你在壮乡过一次"三月三"，那淳朴的民风、快乐的歌板，会年年岁岁在你的记忆中飘荡。

等一场烟雨

曾涛

有人说，"烟雨漓江"是只有中国人才懂的浪漫密码。每年三四月份，天空就像被施了魔法，雨一直下，广西桂林人却说："不下雨，漓江也不能称之为漓江。"诚然，没有雨，哪来的烟雨画船、雨落屋檐；没有雨，哪来的眉黛青山、雾绕江面？

春日，草木葱茏、水体丰盈，天气亦不冷不热，就等一场雨吧。你看天色已做了调整，悄悄地便来了一场蒙蒙细雨。烟雨登场了，她如妙笔，着墨、留白，远山与近水，山峰与翠竹，都被晕染成了极简的黑白两色，勾勒成一卷卷淡若烟尘的水墨，漓江一改素日"江作青罗带，山如碧玉簪"之态，世间万般绚烂归于平淡。船行江上，烟云氤氲，如临仙境，这就是漓江的高光时刻——"烟雨漓江"了。

烟雨漓江（一）

烟雨漓江（二）

　　烟雨，从字面上看，如烟似雾的细雨，极具诗意的词。烟雨，其实就是一种雨雾天气现象。随着温暖的南风吹来，桂林于每年三四月份进入多雨多雾的季节，这个季节看到"烟雨漓江"是大概率事件。桂林属于中亚热带湿润季风气候，年平均降水量1926毫米，雨量充沛，出现烟雨的情况比较多，一般是在春天，特别是4月。当偏南暖湿气流遭遇潮湿的地表，低层因冷却而凝结成雾，这种雾就是平流雾。在靠近水面的地方，因为气温相对较低，会形成相对更浓的平流雾。平流雾一旦形成，持续时间会较长。往往要等到暖湿空气来源中断，风向转变，抑或新的冷空气到来，雾才会消散。

　　烟雨，浸润了诗文，在唐诗宋词里传达，仿佛是自然生长在每一位国人骨子里的浪漫。诗篇里的人们随意走入河边酒肆，古旧的杯子，盛装的是箭羽，是沉船，是月光，是人生……在烟雨中看山水，在山水中看烟雨。

　　等一场烟雨，邂逅那一幕唯美深邃。岳麓山的烟雨——青瓦飞檐，清新委婉，浸润了千年诗书，写意风雅；周庄的烟雨——湿漉漉的深巷，长着青苔的古桥，走着一位撑着油纸伞的姑娘；黄山和张家界的烟雨——奇松、怪石、云海，远山层叠的墨色，浓淡交织，勾勒出磅礴雄姿；还有参差错落的村镇，被薄雾笼罩着，分不清是炊烟还是雨雾。你听，"南朝四百八十寺，多少楼台烟雨中"，烟雨笼罩下的江南古寺钟声，沉重而久远。你看，"满川芳草迷烟雨"，那么深邃的凭吊怀古。

等一场烟雨，长叹那一句寂寞愁苦。烟雨缠绵，似郁结于心，无从排遣。辛弃疾以"烟雨却低回，望来终不来"抒发壮志难酬之苦，然后是"拍手笑沙鸥，一身都是愁"。戴叔伦的"燕子不归春事晚，一汀烟雨杏花寒"，那江南烟雨中凋落一地的杏花，抖落不去满身的落寞清冷。

等一场烟雨，感受那一份豁达超脱。比如在大家耳熟能详的"一蓑烟雨任平生"中，苏轼将朦胧迷离的烟雨以"一蓑"为计量单位，这份昂扬向上、豁达超脱跃然纸上。"半壕春水一城花，烟雨暗千家"这句，苏轼登超然台，眺望春色烟雨，直抒其"用之则行，舍之则藏"的人生态度，且趁"春未老""诗酒趁年华"，这般意境便高人一等了。还有，"蒙蒙吹湿汉衣冠"，是出征的豪迈；"桥如虹，水如空，一叶飘然烟雨中"，你瞧这样的陆游是何等自在潇洒！

等一场烟雨，走进那一刻宁静致远。只有黑和白，绚烂之极归于平淡，淡漠了红尘中一切繁杂的色彩，那份虚静淡雅、神秘悠远却更令人回味。烟雨着墨，处处写意。她着墨于山水，留白处是天际浩渺；她着墨于村镇，留

烟雨漓江（三）

白处是厚地苍茫。留白，留出了想象的空间，留出了生长的空间。生活也是需要写意的，诗和远方不是奢侈品。人生如旋转不停的陀螺，而那一刻的烟雨之境，巍峨兮高山，飘渺兮云烟，让繁忙的生活写意起来，找到一份从容、闲适。

等一场烟雨，守候那一片执着情怀。烟雨时节，并非总是诗情画意。此时，冷暖空气已于华南上空交汇，看似平静的天空，其实早已激流暗涌。即将到来的雨季，已慢慢酝酿。4—6月我国华南地区出现的多雨时期，就是气象学中有名的华南前汛期。这一时期的降雨持续时间长、雨量大、灾害重。雨多则成灾，无数惨痛的事例告诫我们，切不可在烟雨美景中迷失自我，"居安"之际千万莫忘"思危"。是啊，哪有什么岁月静好，不过是有人在替你负重前行。幸哉！总有一些人，在雾里识云，在雨中坚守，将天空看得清清楚楚。总有一些力量，执着坚定，护江河安澜，佑苍生平安。

天青色——瓷器颜色中较珍贵一种，传说古人要在烟雨天气烧制才能得到。于是，周杰伦便等待一场烟雨后的天青色。天青色到底是什么颜色，一千个人心中有一千个天青色。你还等吗？那一场属于自己的烟雨，自己的天青色。

烟雨漓江（四）

风土篇

"南国无霜霰，连年见物华。"在一方水土，见一方气度。这熙熙风土里的暖气，长出物华；这蔼蔼云岚中的积蓄，育出天宝。这般馈赠你可倾心？

摄影：刘英铁

好一朵茉莉花

曾涛

　　"好一朵茉莉花，满园花开，香也香不过它……"民歌《茉莉花》的旋律响起，相信很多人都能随着哼唱几句。世间有千万种花，唯有茉莉花被吟诵如此之久，从过去到现在；被传唱如此之广，从民间到国际。

　　茉莉引种传入我国历史悠久。西晋嵇含的《南方草木状》记载："耶悉茗花、末利花，皆胡人自西国移植至南海，南人怜其芳香，竞植之。"这里说的"末

好一朵美丽的茉莉花　摄影：卜军波

利花"就是茉莉花，茉莉花既具观赏价值，又有制茶、药用等价值，深受人们的喜爱，并被广泛种植栽培。

"他年我若修花史，列作人间第一香。"古代文人写下众多令人印象深刻的诗句对茉莉花进行赞颂，宋朝的江奎更是将其视为"人间第一香"。此外，有言其"刻玉雕琼作小葩，清姿原不爱铅华"（宋代赵福元《茉莉》）的，这是以玉刻琼雕来比喻茉莉之素洁高雅、冰肌玉骨，赞美其品性之淳朴；有言其"淡薄古梳妆，娴雅仙标致"（宋代刘克庄《卜算子·茉莉》）的，这是说茉莉花古朴雅丽，有仙格玉骨之美。

茉莉因其色白、味香，成为中国古典园林庭院的主要观赏花卉。《红楼梦》云："迎春又独在花荫下，拿着花针穿茉莉花。"迎春用花针穿起一粒粒洁白素雅的茉莉花苞，花香浸染着她的素手，一切那么静谧美好，温柔沉静，与世无争，茉莉堪与她相配。清代陈学洙的《茉莉》一文写道："银床梦醒香何处，只在钗横髻鬟边。"茉莉开在闺中女子的天地里，女子沉浸那一段细腻温润的静好时光。"与玉郎摘，美人戴，总相宜"，郎情与妾意，在花香中缓缓诉说。

北宋著名书法家、茶学家蔡襄在其《茶录》一书中详尽地介绍了制茉莉花茶的步骤和方法，由此茉莉花茶开始风行。清朝开始大规模地对茉莉花加以培育，然后将窨制而出的茉莉花茶进行售卖。时至今日，茉莉花茶已成为一种著名的茶饮料而为人们所喜爱。此外，在明朝，人们就将茉莉花制成药。茉莉花性味辛温，色白入肺，芳香入脾，其叶片可以去除体内热气，治疗腹痛；而其花瓣对于通气、消炎也很有疗效。

"世界10朵茉莉花，有6朵来自横县（现为横州市）。"横州市位于广西东南部，茉莉花种植面积达10万亩，年产9万吨鲜花，7万吨花茶，鲜花和花茶都占全国80%以上、世界60%以上。现在，横州市已成为中国最大的茉莉花生产基地，被国家林业和草原局、中国花卉协会命名为"中国茉莉之乡"。"横县茉莉花"还被国家质量监督检验检疫总局批准为地理标志保护产品。

横州种植茉莉花历史悠久。明嘉靖四十五年（1566年），横州州判王济在《君子堂日询手镜》中记述，横州"茉莉甚广，有以之编篱者，四时常花。"

"横县茉莉花"为双瓣茉莉，与单瓣、多瓣茉莉相比，具有花期早、

茉莉花　摄影：卜军波

花期长（花期从 4 月起至 10 月底）、花蕾大、产量高、质量好、香气浓等优点，且条索紧细、匀整，耐冲泡。

　　横州市盛产茉莉花除了与当地的种植习惯有关外，还得益于其得天独厚的地理气候环境。茉莉花性喜温暖湿润，畏寒、畏旱，不耐霜冻、湿涝和碱土，生长适温 25～33℃，生长期要有充足的水分和潮湿的气候。20 世纪 90 年代以前，浙江和江苏茉莉花产区均以盆钵栽培形式出现，但由于这些产区冬季气温较低，如遇严重的冻害等低温恶劣天气，损伤惨重；且盆钵栽培成本高，因此茉莉花产业中心逐渐南移。横州市是茉莉花的"福地"，这里属典型的亚热带季风气候，长年雨量充沛，年平均降水量 1467 毫米；气候温暖，年平均气温 21.6℃；且夏长冬短，无霜期长。

　　茉莉花是一种喜光的长日照植物。在直射光的照射下，最适宜茉莉花生长发育。如光照不足则生长发育不良。光照越强，茉莉的根系越发达，植株生长越健壮。横州市日照充足，年平均日照时数为 1556 小时。风对茉莉花的生长发育有一定的影响，横州市夏季多东南风，带有大量的水蒸气，使空气湿度增大，茉莉花生长旺盛。此外，横州市土壤有机质含量高，多为呈微酸性的沙壤，十分适宜茉莉花生长。

近年来，横州市按照"国际化、标准化"的要求，建立了"茉莉花专家大院"、茉莉花标准化生产基地、国家茉莉花及制品重点实验室、中华茉莉园、"横县茉莉花"产业核心示范区等，全面推进茉莉花产业的发展。近年来，横州市每年举行中国（横州市）茉莉花文化节。

在横州市，除了传统的看花海和品花茶，食花糕、尝花宴、沐花浴等成了新时尚，吸引了越来越多的游客。把煮熟的绿豆与茉莉花酱混合、压制，可以制成香甜可口的茉莉花糕；还能制成茉莉花月饼、茉莉花酥以及护肤品、日用品、工艺品等。在横州市，还能品尝到茉莉茶香虾、茉莉白切鸡、茉莉花煎蛋、茉莉花牛肉等匠心打造的特色美食。

若在一个微雨的薄暮，遥观一片花海，手捧一杯花茶，耳边是轻柔的《茉莉花》旋律，茉莉花的缕缕清香似乎从天际飘来。且闭眼，且沉醉吧。"好一朵茉莉花，好一朵茉莉花，茉莉花开，雪也白不过她……"

全国 80%、世界 60% 以上的茉莉花产于横州市　摄影：卜军波

虫与叶的「丝绸之路」

曾涛　黄庆忠　莫惠晴

　　2000多年前，当古罗马帝国恺撒大帝穿着来自中国的丝绸长袍出现在罗马剧场时，立刻成为贵族崇拜的偶像和效仿的对象。翻看中国历史，似乎还没有哪个产业像蚕桑丝绸一样延续见证着中国历史文明的发展进程。一条名叫蚕的虫，一片名叫桑的叶，一生痴恋纠缠。农耕，因虫与叶的爱恋而兴盛；战火，

桑　摄影：韦坚

蚕　摄影：韦坚

因虫与叶的对话而平息。养蚕、织丝、制衣，光滑柔软的丝绸打开了一个广袤的世界，开启了灿烂的丝路文明。一根真丝的来之不易，注定了丝绸的华贵和神秘。因一根莹亮的蚕丝、一匹柔美的丝绸，世界知道了古老而神秘的中国。

　　我国有悠久的种桑养蚕历史，自古就有嫘祖"教民养蚕"的传说。公元前13世纪，甲骨卜辞已有桑、蚕、丝、帛等名称。在长期的历史进程中，养蚕业成为我国农业的重要组成部分，蚕丝也是重要的衣物原料。我国历代统治者对养蚕业都很重视，素有"农桑并举""一妇不蚕，或受之寒"的说法。

　　古往今来，文人雅士们写下了很多有关桑蚕的诗篇。如：唐代白居易有诗道："烛蛾谁救护，蚕茧自缠萦"，成语"作茧自缚"由此而来。王维的"雉雊麦苗秀，蚕眠桑叶稀"，范成大的"乡村四月闲人少，才了蚕桑又插田"，描绘了农家种桑养蚕的日常生活。清代沈秉成在《蚕桑辑要》中道："少时食叶叶须干，露中采得当风悬。大眠饷后叶可湿，清泉细洒明珠圆"，将小蚕不可喂露水叶、大蚕可添食水桑的技术措施做了描述。清代杨岫道："守过三眠大起时，全在七日费心机。老蚕正要连连喂，半刻光阴莫教饥"，说的是蚕儿吃老食时不可缺叶的关键技术。宋代诗人张俞和谢枋得分别有诗云："昨日入城市，归来泪满巾。遍身罗绮者，不是养蚕人""子规啼彻四更时，起看蚕稠怕叶稀"，均表达了对乡村蚕妇的怜惜之情。至于名句"春蚕到死丝方尽，蜡炬成灰泪始干"更是脍炙人口。

千年沧桑，桑蚕业凝聚了我国一代又一代蚕业人的智慧与信念。进入 21 世纪，国家实施"东桑西移"战略以来，广西蚕桑产业实现了跨越式发展，蚕茧产量连续 14 年全国第一，占全国 50% 左右，产业总产值近 500 亿元，为脱贫攻坚和乡村振兴做出了重大贡献，创造了我国蚕业史上神奇的"广西现象"。广西蚕桑业的发展，其独特的气候条件起到了重要作用。

桑树喜温暖湿润气候，适宜生长的温度为 25～30℃。桑蚕以桑叶为主要食料，其适宜的温度为 20～30℃，生长周期约 1 个月。广西地处低纬度，南靠海洋，季风影响强烈，气候高温多雨，大部分地区年平均气温 20～22.5℃，年降水量 1000～2000 毫米。桂北 4 月下旬至 10 月中旬，桂南三月下旬至 11 月中旬，月平均气温保持在 20℃以上。广西气候条件非常适宜种桑养蚕，全区从南到北均能种桑养蚕，桑树萌芽早、落叶迟，生产期长。在一些地方，从 3 月到 11 月，一般能养 10～12 批蚕。

河池市是广西桑蚕业的主要集中区，气象部门分析了气候环境对桑蚕生产的影响。其一是温度条件。全市每年有 220～250 天的时间适宜桑树生长，在生长期内能基本避开春、秋两季霜冻的危害，其热量条件满足桑叶正常的需要。其二是水分条件。桑园田间土壤最适含水量为田间最大持水量的 70%～80% 时，桑叶可获得优质高产；年平均降水量大于 750 毫米时就能满足桑树生长发育。河池市年平均降水量为 1523.2 毫米。其三是光照条件。河池市年日照时数为 1334.9 小时，在桑树生长期 4—10 月的日照总时数为 822.2 小时，对桑树生长非常有利。

近年来，河池市气象局开展了有针对性的桑蚕气象服务。气象部门定期印发桑蚕气象服务信息材料，通过气象预警大喇叭、手机短信平台、电子显示屏等发送气象预报、气象灾害防御信息。面向桑蚕养殖大户开展直通式气象服务，农田小气候仪直接入驻桑蚕养殖示范园区。气象、农业等部门联合会商，共同组织技术培训。《桑蚕生产气象服务技术规范》被广西壮族自治区质量技术监督局确定为广西地方标准。

一条小虫、一片叶子，撑起了一个大产业。广西将种桑养蚕作为脱贫攻坚和乡村振兴的致富产业来发展，数以万计的蚕农在种桑养蚕的过程中得到了实惠。在一些农村，原来村民居住的旧房子正被一幢幢"蚕桑楼"所替代。

曾经，神奇"虫与叶"在古老丝绸之路上书写传奇。展望未来，"虫与叶"的丝路正长，静待它们再绘锦绣，再焕异彩！

八桂茶飘香

黄姿娜

桂林市阳朔七仙峰茶园　摄影：韦坚

广西属于我国四大茶区中的华南茶区，自古就是茶叶的发源地之一。据《广西通志》记载，广西茶叶早在秦汉时期已有栽培，距今有 2000 多年历史。这里多山地、丘陵，属中、南亚热带季风气候区，茶树生长所需的地理、土壤、光、温和水分条件十分优越。

从地形地貌来看，广西北接南岭山地，西延云贵高原，海拔 250 米以上的山地占广西土地总面积的 63.9%，拥有大量适宜茶树生长的山地、丘陵和台地。这里的土壤以红壤和黄壤为主，土层深厚达 1 米以上，超过茶树生长所需的 80 厘米深度；pH 值为 4.5 ~ 6.5，是茶树生长的最佳酸碱度；且有机质和矿物质含量高，排水性能、透气性和孔隙度良好。

昭平茶园　摄影：毛琪

　　广西气候温暖，热量丰富，各地年均气温为 16.5 ～ 23.1℃。大部分地区 1月气温能达到 13℃以上，因此茶树生长发芽比江南和江北茶区要早一大截，开采期可从 2 月持续到 11 月。

　　广西是全国降水量最丰富的地区之一，各地年降水量 1080 ～ 2760 毫米。而对于茶树的生长，降水量 1000 ～ 1500 毫米，且空气中的相对湿度在 80% 至 90% 之间较好。广西日照适中，冬少夏多。虽然夏季阳光强烈，但得益于山多林密，阳光被高大植物遮挡形成的漫射光，正好促进茶树的光合作用。

　　从目前广西茶叶种植区域来看，主要包括桂东北、桂东南、桂中、郁江流域、左江流域、右江流域、龙江流域和北部湾等茶区，以种植绿茶、红茶、黑茶和花茶为主。名产品有凌云白毫茶、苍梧六堡茶、桂林毛尖茶、横县茉莉花茶、桂平西山茶、金秀绞股蓝茶、浦北苦丁茶、昭平银杉茶等。其中，凌云白毫茶因其叶背长满白毫而得名，是亚洲唯一能加工出绿茶、红茶、白茶、黄茶、黑茶、青茶六大类茶品的茶树品种，素有"一茶千化"的美名；汤色淡绿明净，香味醇厚持久，饮之爽口舒心，能提神止渴、消食。苍梧六堡茶属黑茶类，已有 1000 多年历史，其茶身紧结成块状，尤以茶面生有"金花状"的品质更佳，这种"金花"是一种有益于人体的金色菌类孢子；汤色如琥珀，入口甘和平顺，甚合胃弱者饮用。桂林毛尖茶是 20 世纪 70 年代初创制的名贵绿茶，成品条索紧细、白毫显露、色泽翠绿，汤色碧绿清澈，滋味醇和鲜爽，含硒特别高，是广西特有的富硒茶，对防癌抗癌有独特功效。

三江风情寨 茶香最风华

刘英轶 李敏国

　　三江侗族自治县（简称三江县）是广西壮族自治区柳州市辖县（区）之一，位于广西北部的湘、黔、桂三省（区）交界处，云贵高原边缘地带，长江流域以南的南岭山脉南侧，海拔高度在 300 ～ 800 米，辖区内以山地土坡为主，是一个典型的山区县，素有"九山半水半分田"之称。属中亚热带南岭湿润气候区，四季分明，山地谷地气候明显，雨量充沛，雨热同季。春季多低温阴雨，夏季

柳州市三江县布央村茶园　摄影：刘英轶

有暴雨高温，伏秋易旱，冬有寒霜。茶叶产业、旅游业是该县的两大支柱产业。

"黄金产茶区"建起万亩茶园

三江县拥有得天独厚的气候、土壤等自然资源，十分适宜茶叶种植和生长，是茶叶专家公认的"黄金产茶区"。

从三江县气候特点分析，年平均气温 18.3℃，平均气温年较差 20.0℃，昼夜温差大，有利于茶叶有机物质的积累；年平均无霜期 321 天，年平均日照时数 1264.2 小时，年平均相对湿度 81%，霜期少、日照偏少、多晨雾、湿度大，植物生长期长达 338 天；多年平均降水量 1557.3 毫米，年平均降水日数 170.4 天，降水集中在 4—9 月，约占全年降水量的 75.0%。县辖区内地质土壤多为酸性黄红壤，土层厚实肥沃，有机质含量高。

根据气候、自然资源等天然优势的实际情况，从 1989 年起，三江县在八江镇布央村开荒种茶，点燃了侗乡大规模种植茶叶的"星星之火"，并形成"燎原之势"。目前，全县有茶园面积 18.2 万亩，6.5 万户农户种茶，覆盖了 162 个行政村，其中有原生茶园 3000 多亩，百年大茶树近千株。茶叶主要以"福云六号""乌牛早""福鼎大毫"、龙井系列、观音系列、安吉白茶等国内优良品种为主，其中"福云六号"种植面积达 10 万亩，占全县茶叶种植面积的 58.3%。本土茶树种质资源丰富，"牙己茶""高露茶""西坡茶"久负盛名。20 世纪 80 年代，"牙己茶"被列为广西首个茶叶类国家级优良种质资源。

随着茶叶产业的快速发展，三江县成功申报了地理标志保护产品，创建了"中国名茶之乡"和"中国有机茶之乡"；做大了"三江春"等区域性品牌，三江茶被誉为"中国早春第一茶"。

小茶叶撑起大景区

布央村是八江镇一个侗族村，位于三江县西北部，距县城约 20 千米，全村茶园面积 3900 余亩，从茶叶种植、管理、采摘、加工、销售，到自发的茶苗培育，形成了一条完整的茶叶产业链，主要品种有"福云六号""乌牛早""福鼎大毫"和龙井系列等，茶叶远销国内外。

茶叶产业发展起来后，布央村抓住农业生态观光旅游这个机遇，搞起了农业观光旅游。布央仙人山是一个具有历史、地域、民族特色的旅游休闲观光茶园，也是集"观光、种茶、采茶、制茶、品茶"于一体的茶园生态旅游区，吃、住、游均可满足游客体验农耕乐趣。

布央村茶园航拍　摄影：刘英轶

　　该处山峦起伏，温润多雾，绿林苍翠，溪涧纵横，茶园分布在海拔500～1000米，方圆几百千米之内没有任何工业污染。这里的茶叶采集雾水之精华，聚大地之灵气，拥有"高山出好茶"的自然生态环境。侗族村寨坐落在茶园周边，空气洁净，绿树成荫，鸟语花香，步行于曲径小路，观赏着群山雾绕中的日落，悠闲自得，有着世外桃源般的意境。在布央仙人山茶园，侗族人日出而作、日落而息、欢歌载舞。

　　30多年来，布央村走出了一条"茶文化＋旅游"的新路子，让村民们增收致富，一片小茶叶让布央村成为十里八乡都羡慕的美丽富裕新农村。该村先后被评为广西侗茶村、全国一村一品示范村（三江春茶叶）、柳州市十大美丽乡村、广西五星级现代农业（茶叶）核心示范区、全国乡村旅游重点村、国家AAAA级旅游景区。

气象服务助力茶叶产业

　　为更好地发挥本地气候资源优势，提高三江县茶叶产量和品质，三江侗族自治县气象局自2015年以来在各乡镇建设了气象大喇叭、电子显示屏、人工影响天气作业标准站（烟炉）、农田小气候自动气象监测站等气象为农服务基础设施。重点在八江镇布央村现代农业（茶叶）核心示范区内安装了农田小气候自动气象监测站1套、电子显示屏2块，对茶叶生长状况进行全天候观测，并在示范区附近山腰上建立了人工影响天气装备（烟炉）1座，适时开展人工增雨作业，确保茶叶生产用水安全。示范区内游客中心安装的气象信息触摸屏，能让工作人员随时掌握气象信息，指导茶产业安全生产。

此外，三江县气象局还定时提供农业气象旬月报，通报农情气象信息，提出适时生产建议；开展灾害性天气的监测预报预警工作，通过气象大喇叭随时播报有效的气象服务信息，让广大茶农根据气象信息科学安排生产，达到趋利避害的目的。

侗乡风情寨　美食最诱人

三江县盛产茶叶，茶在侗乡人的饮食里必不可少。侗族历来有"打油茶"的习惯，是传统的待客食品，距今已有上千年历史。制作油茶的原料主要有茶叶、大米花、酥黄豆、炒花生、葱花、糯米饭等。油茶不仅能御寒防病，还有生津解渴、提神醒脑、解除疲劳等功效，因其味微苦，又被称为"侗族咖啡"，有"油茶誉四方，慕名来品尝；当年喝一碗，三天嘴还香"一说。如今，油茶吃法不断创新，油茶火锅、油茶鸡等特色菜肴被端上餐桌。

侗族还有吃酸食的习惯，有"侗不离酸"的说法，号称"侗家三宝"的酸鱼、酸肉、酸鸭不仅是侗家人的最爱，也逐渐成为享誉广西的传统名菜。另外，三江县的特产还有禾花鱼、竹笋、归东野葡萄、三江大糯、丹洲蜜柚、山茶油等。

侗乡人晾晒茶叶　摄影：刘英轶

『茶族皇后』的前世今生

黄春华 裴开程

广西壮族自治区防城港市是一座新兴美丽的海滨港口城市，位于中国大陆海岸线西南部。其西部与越南接壤，南临北部湾，拥有世界唯一的国家级金花茶自然保护区，被誉为"中国金花茶之乡"。

金花茶被称为"茶族皇后"，是什么吸引它在防城港市"落户"呢？我们先从它的发现说起吧。

"茶族皇后"的发现震惊世界花坛

"山茶产南方，深冬开花，红瓣黄蕊，或云亦有黄色者，山茶嫩叶炸熟水掏可食，亦可蒸晒作饮"，这是著名的明朝医药学家李时珍在《本草纲目》中对金花茶的描述。19世纪中叶，受英国皇家园艺学会派遣，英国探险家罗伯特4次来华，历经20载仍然未找到《本草纲目》中所提及的黄色山茶花。更有日本学者寻找黄色山茶花未能如愿却多次遇险，写下了《幻想的黄色山茶花历险记》一文。黄色的山茶花一直被世人寻而不得却心心念之。直到20世纪

金花茶（一）

60 年代，我国植物学家在防城港市十万大山一带发现了罕见的金黄色的山茶花，这才填补了茶科家族没有金黄色花朵的空白。金黄色山茶花的发现，震惊了世界花坛，被众多国内外植物学家、园艺学家们所注目。后来，我国植物界权威人士将其命名为"金花茶"。

因金花茶是世界珍稀的观赏植物，资源量有限，具有极高的生态价值，被称为"茶族皇后""植物界大熊猫"。作为原始野生茶树种之一，金花茶的历史可以追溯到第四纪冰川期以前，理所当然地被列为中国的一级保护植物。

防城港市是世人最早发现金花茶的地方，那么，它到底给金花茶提供了一个什么样的生存环境呢？

独特的气候特征和地理环境

防城港市南临北部湾，十万大山横穿辖区内，属于典型的亚热带海洋性季风气候，冬半年（10 月至翌年 3 月）受北方冷气团影响，干燥少雨；夏半年（4—9 月）受南方海洋湿热气团影响，润湿多雨。冬短夏长，气候温和湿润，年温差小，热量丰富，雨量充沛。受十万大山的地形作用，防城港市北面的上思县雨量相对较少（年平均雨量 1300 毫米），十万大山南侧的防城区则雨量较多，是广西乃至全国的暴雨中心之一，年平均降雨量 2823 毫米，年平均降雨日数 176 天。在这样的气候条件下，十万大山峰嶂嶙峋，群峰连绵，雄奇险秀，亚热带原始森林保存完好，山峦植被优良，而全世界 90% 以上的野生金花茶就分布在十万大山的兰山支脉一带。

为什么金花茶主要生长在防城港市呢？通过研究发现，金花茶喜湿润气候，喜欢排水良好的酸性土壤，耐涝力强，在自然条件下，只要冬季最低气温不低于 5℃，夏季最高气温不超过 38℃，金花茶就能正常生长和开花。防城港市防城区的年日照时数为 1200 ~ 2000 小时，年平均气温 21 ~ 23℃，其中最冷的 1 月份，月平均气温在 9.5 ~ 16.3℃。防城区全年的光照、温度分布能满足金花茶生长发育所需。而且防城区位于十万大山南侧，北部湾暖湿气流受十万大山地形抬升影响容易产生降水，造成近地层常年空气湿度较大，湿度条件十分优越，对大面积种植金花茶十分有利。

金花茶不仅是世界珍稀的观赏植物，而且是自然界中药用和营养物质最丰富的植物之一。它含有 400 多种对人体有益的营养物质，如茶多酚、总黄酮、蛋白质、叶酸、脂肪酸、氨基酸、微量元素、多种维生素等，具有极高的经济价值和特殊保健功能，产业开发前景广阔。最常见的是利用金花茶制作成茶。

金花茶（二）

以金花茶为原料制作的茶中，又以用花朵制作的茶为最好。

金花茶每年11月开始开花，花期可延续至翌年3月，单朵花开花维持周期约7天，而花朵通常5天左右即开放饱满。金花茶盛开之时，金瓣玉蕊，色泽耀眼夺目，形态美观，娇艳多姿，秀丽雅致。据相关研究，气象因素对金花茶开花期的影响至关重要。充分了解开花期期间的气候条件，对种植户提高花的产量和品质具有重要意义。据有关数据分析，在降水、温度、相对湿度、日照、风等气象要素中，湿度指标对花期的影响作用最显著。研究发现金花茶花期适宜的相对湿度为72%～80%。低温高湿条件下花朵易发生烟煤病，发育受阻；低温低湿天气，空气太干燥则会出现花蕾、花朵脱落现象；而高温高湿又易出现花腐病，不利于产花。对于种植金花茶来说，还需要注意一些问题，如夏季光照时数过多时，金花茶的叶片会被灼伤；台风、暴雨、低温冻害、干旱和冰雹等灾害性天气的出现会影响金花茶的生长。

防城港市具备金花茶生长所需的气候条件和生态环境。结合有关气象研究，加强种植管理，本地产的野生金花茶，叶片厚实、油色光亮，品质要比外地引种种植的金花茶要好得多。目前，防城港市大力发展金花茶特色产业，现人工种植金花茶面积超过5万亩，从事金花茶产业开发的企业8家，种植户达18万人，总产值达20亿元。金花茶产业已经成为防城港市防城区的特色支柱产业。

"中国金花茶之乡"是防城港市的一张靓丽的名片。作为金花茶的发源地，防城港市每年都会在金花茶盛开的时节举办金花茶节，不仅可以让各界人士欣赏到迷人的防城港市市花金花茶，也让世人更加了解防城港市这一靓丽的边海之城。

古道悠悠 六堡茶香

邓碧娜 徐芳

六堡茶的种植园　苍梧县委宣传部供图

1500多年前，有一条全国独一无二的"茶船古道"，它与"茶马古道"的陆路不同，是一条水路。从广西壮族自治区梧州市苍梧县六堡镇上的六堡河出发，经东安江，走贺江，入西江，直达广州，对接"海上丝绸之路"。通过茶船古道，一个个用大竹箩封装，既有中国茶叶独特风味，又有祛湿热、解油腻、消食等养生保健功能的"六堡茶"运往海外。

六堡茶兴于唐宋，盛于明清，素以"红、浓、陈、醇"四绝著称，不仅汤色红亮，且有独特的槟榔香味。

六堡茶具有喜温、喜湿、喜散射光等特性。北回归线从梧州市的市区通过，属亚热带湿润季风气候，日平均气温超过10℃的日数多，积温高，年降水量多，年干燥度适宜。且在春夏两季茶树新梢生长期间，时晴时雨，雨量充沛，空气湿度大，云雾多。优越的地理气候条件和广阔的山地资源，非常适合六堡茶的种植生产。

六堡茶独特的加工工艺也是其优异品质风格形成的另一重要因素。将采摘下来的茶叶芽作为原料，经过一般茶叶制作的杀青、揉捻、堆闷、复揉、干燥过程后，再采取双蒸双压发酵法或冷水沤堆发酵法，促使茶叶内的茶多酚为主的化学成分在湿热和微生物、酶促作用下发生非酶性氧化作用，形成外形黑润、滋味醇和，香气纯正，汤色红浓明亮，且有陈香味的品质特点。

古道悠悠，将陈年茶香载往远方，六堡茶叶，连接着地方特色产业，弥久恒馨。

人间瑰宝——红树林

刘文杰　刘宇菲　覃帅　卢威旭

　　"再见了啊我的水笔仔，你心中有我珍惜的爱……请你在海风里常回首，莫理会世间日月悠悠。"这是台湾诗人席慕容笔下多情的红树林，"水笔仔"即胚轴时期的小红树林。红树林是热带、亚热带海岸潮间带特有的胎生木本植物群落，能抗风抵浪，素有"海上森林""海岸卫士"之称，是珍稀的国家级重点保护野生植物。

　　广西壮族自治区北海市拥有山口、金海湾两个红树林生态保护区，分别位

红树林　摄影：李斌喜

于山口镇和银海区。其中金海湾红树林就与素有"天下第一滩"之称的银滩一脉相连，位于北海市区东南方约 15 千米处。

金海湾红树林是一处景色优美的滨海湿地，位于北海市湿地公园中大冠沙红树林滩涂里，是整个红树林中间地带，地域辽阔。连片宽阔的红树林高低错落，特别是不多见的红海榄纯林，年久树高、盘根错节、枝繁叶茂、碧绿滴翠、千姿百态，为林内和附近的海洋生物提供了理想的繁育、生长、栖息、避敌场所，其大量的凋落物又为海洋生物提供了丰富的食物来源，处处可看到树下蟹爬鱼跃，树上鹭翔鸥飞、蜂鸣蝶舞，构成了滨海湿地生物链，保持着北海市滨海湿地的生态平衡。潮涨潮落，风景迷人，在这里可欣赏群鹜飞天、蓝天碧海、红日白沙的诗意画卷，诗人王勃的千古名句"落霞与孤鹜齐飞，秋水共长天一色"在这里可得到验证。

中国的红树种类共有 37 种，北海市红树林保护区内有 7 种：白骨壤、桐花树、秋茄、海桑、卤蕨、木榄和红海榄。大海每天潮涨潮落，红树林也周期性浸泡在海水之中，潮汐的涨落与月球的运动有关，红树林也据此来调整自己的生命节律。而密密匝匝的红树林，宛如一位绿色的仙女飘逸潇洒，在浅绿色的海水中沐浴。涨潮时，只看到她部分婀娜的树冠，饶有"犹抱琵琶半遮面"的情趣；退潮时，她那带有海泥芬芳的树干含羞姗姗地露出海面，好一幅"千呼万唤始出来"的画面。也许此时你会问，红树林繁茂翠绿，为什么却被称作"红树林"？那是因为红树科植物体内含有大量"单宁酸"，树干遇到氧气会变成红色，树皮提炼出的"单宁酸"还被用作红色染料，"红树"之名由此而来。

红树林只能生长于热带和亚热带陆地和海洋的交界地段。但是，有限的红树林却孕育了无数的生命，由于潮间带的特殊环境，使得红树进化出各种绝招来适应海水的冲刷，秋茄和白骨壤就是个中高手。它们的根系之下是底栖动物的美丽家园，由于植物在生长过程中植被会有所凋落，从而会转换成微生物，为鱼虾蟹贝等浅海湿地生物提供养分丰富的食料。上百种鸟类、昆虫、贝类等生物在此食物链之下繁衍栖息，茁壮成长。

红树林不仅极具观赏价值，它还有保护海岸、保护生物多样性、调节气候、美化环境、净化水质、促淤造陆、控制土壤流失等多种生态功能。红树林扎根于蓝色的海洋，它的植被以及孕育的海洋生物能吸收大气中的二氧化碳，并将其固定、储存在海洋中，形成天然的"碳仓库"。在全球变暖的趋势下，红树林可以不断地稀释空气中二氧化碳的浓度，换句话说也就是减慢了地球温度上升的速度。红树林，是名副其实的"地球之肾""生命之源""特种基因库"。

生态家园

摄影：李斌喜

　　红树林不仅仅是一位孕育万物和净化地球环境的"慈母"，关键时刻还能化身为一名保护人民生命财产安全的"海岸卫士"——这是因为红树植物能够稳稳扎根于滩涂上，还可加速滩地淤高和向海伸展，使海滩面积不断扩大和抬升，从而达到巩固堤岸的效果。它可是我国南方万里海疆的第一道天然屏障。在 1986 年中国广西沿海发生的近百年未遇的特大风暴潮，以及 2004 年 12 月 26 日印度洋海啸中，由于红树林在前抵挡，身后的人们幸运地躲过了海啸和风暴的袭击。

　　为了进一步保护和了解这片美丽的湿地，2018 年 11 月，广西滨海湿地红树林生态气象观测站（以下简称观测站）建成，观测站是一座集生态环境观测、气象观测以及碳通量观测为一体的综合性生态试验观测站，能够对红树林生态系统的大气环境、植被状况、滩涂环境以及碳通量等生态数据进行实时的观测。观测站的建成能够大大提高广西生态环境监测和评估能力，提升生态文明建设气象保障能力。

　　到红树林赶海，别有一番乐趣。涨潮时，乘坐快艇出海，畅游神秘海上红树林，在体验海上动感漂移，去渔场放地笼捕捉鱼虾蟹；退潮时，在迷人的海滩上挖海螺、挖沙虫、抓螃蟹，进入海上迷宫"眷箔"围海捞鱼。"围海捞鱼"是当地渔民一种古老的捕鱼方式，也称"捞箔""渔箔"或"眷箔"，即在海边用渔网围成一定形状的迷宫，潮起时鱼顺水往网里钻，退潮时鱼被困住，大家可直接用网勺捕抓，是最具有北海市眷家特色、最受游客欢迎和体验渔家生活的玩法。

　　"绿水青山就是金山银山"，坚守生态红线，促进绿色发展。北部湾丰富的海洋资源孕育着这一方百姓，热情好客的眷家（广东、广西、福建沿海沿江一带的水上居民）儿女诚挚邀请你来北海市做客。

满城荷香缘何来

卢冬梅　林雪香　莫申萍

贵港市地处广西东南部，是一座具有2200多年历史的古郡新城。这是一座几乎被荷塘包围着的城市，每到夏秋之间，碧叶连天、荷花映日、香飘满城，故有"荷城"之美誉。

贵港种荷历史可以追溯到汉代，甚至更早。1979年，在贵港市罗泊湾汉墓出土的文物中，便发现有已碳化的莲子，可见当地人种荷历史源远流长。2008年，在贵城遗址（港北区政府旧址）的考古发掘中，发现了历代各种类型的莲花纹瓦当，这些莲瓣纹陶瓦当雕刻精致、风格独特，经考证最早可追溯到两晋南北朝时期。据了解，目前全世界共有1300多种荷花，贵港市辖区内就有800多种，成为长江以南种植荷花品种最多的城市。

覃塘荷花（一）　贵港市荷美覃塘景区供图

覃塘采莲人　贵港市荷美覃塘景区供图

　　得天独厚的地理环境造就了"百里荷城百里塘"。贵港市城区地处浔江、郁江冲积平原，地势低洼，湖泊、池塘、湿沼、河流等星罗棋布，依山面水的天然风水宝地为荷乡人广种莲藕提供了便利。在当地老一辈人的记忆中，20世纪70年代时，贵港市70%的土地上都盛开着荷花，贵港市老城区的东湖、东西汕塘、蒙塘、鲤鱼塘等连绵数十平方千米都是著名的产藕区。如今，贵港市又在河流支流、池塘、湿沼等地理环境得天独厚的地段，打造了更多荷塘景区，如"荷美覃塘""贵港市园博园""四季花田"等。

　　适宜的气候条件使贵港市成为理想的种荷之地。贵港市地处低纬，北回归线横贯中部，属亚热带湿润季风气候。受海洋暖湿气流影响大，夏季风盛行时间长，雨量充沛，总体特点是温暖湿润、冬短夏长，一般夏季高温多雨，冬季干燥微寒，春季秋季气温变化较快，日温差较大。年平均气温21.8℃，最热月7月平均气温28.7℃，最冷月1月平均气温12.4℃。年平均雨日158天，年平均总降雨量约1500毫米，夏半年（4—9月）荷香时节雨量约占全年75%。贵港市古八景之一"莲塘夜雨"就与当地天气气候密切相关。一到夏天的晚上，东湖莲塘的一边晴空万里、月明星稀，一边却是荷叶连天、夜雨沙沙。究其原因，是夏日白天气温高，晚上气温低，深夜莲塘水汽凝成水珠，掉落在荷叶上，渐积渐多，荷叶倾斜，积水泻下，发出沙沙的响声，好像下雨一样，时断时续，"雨声"不止。清早，荷叶上还留有水珠，荷花在水珠和绿叶的映衬下显得格外鲜艳清香。

由于地处平原、池塘众多、雨水丰沛，贵港市荷塘出产的莲藕质地松软清甜，品质上乘。贵港市莲藕最为出名的要数覃塘莲藕。位于平天山脚的覃塘区藕农每年种植莲藕近万亩，生产莲藕数量近百万斤。覃塘莲藕藕体鲜嫩、味道清香、口感粉绵，素有"藕中之王"的美誉。覃塘莲藕还获得中国农产品地理标志认证。

荷花是贵港市的市花，荷文化的元素一直贯穿和融合在城市建设当中。贵港市自古就有以荷（莲、藕）命名的山、岭村等地名。如《贵县志》记述，有"莲花曲"在北支山，震华乡、东三乡、定光乡都有"莲塘村"，崇德乡有"莲垌"，新兴乡有"藕塘村"等。如今，贵港市区新世纪广场的主题雕像，城区的许多道路、学校、酒店、公司等都以"荷""莲"来命名，如"荷城路""荷城新苑""荷城中学""荷城人大酒店"等。贵港市罗泊湾大桥的桥塔设计为荷花造型，主塔顶端就是一朵盛开的荷花。"荷"一直备受当地百姓喜爱，覃塘流传着一个"荷花仙子"的故事，这一带的乡民，在农历六月初六这一天，还沿袭着用荷叶六蒸糕供奉荷花仙子的习俗。近年来，当地通过举办荷花展、荷文化书画展，推出赏荷、拍荷、画荷、唱荷、品荷等群众文化活动，大力弘扬贵港市"和为贵"精神。"荷文化"盛会从每年5月持续到10月，"荷文化"在这座南方古郡新城得以传承和发扬。

覃塘荷花（二）　　贵港市荷美覃塘景区供图

甜蜜的产业——甘蔗

匡昭敏 潘汉海 粟杭州 赵柳双

甘蔗 摄影：潘汉海

甘蔗大约在周朝的周宣王时传入中国南方。先秦时代的"柘"就是甘蔗，到了汉代才出现"蔗"字，"柘"和"蔗"的读音可能来自梵文 sakara。10—13世纪(宋代)，江南各省普遍种植甘蔗。世界上甘蔗生产主要分布在亚洲、南美洲中部和非洲的约79个国家和地区，最大的甘蔗生产国是巴西、印度、泰国和中国。

中国的甘蔗主要生产地区集中分布于北纬24°以南的热带及亚热带地区，目前我国甘蔗种植主产省(自治区)为广西、云南、广东、海南。

崇左市是广西甘蔗种植大市，位于广西壮族自治区西南部，地跨北纬21°36′～23°22′，东经106°33′～108°8′，地处北回归线以南，属亚热带季风气候区，各地年平均降水量1157.0～1409.5毫米，年平均气温20.7～22.7℃，年日照时数1515.2～1729.0小时，无霜期超过353天，年高于10℃的天数保持在340天以上，年有效积温7600℃，温度、光照和雨水同季十分有利于甘蔗生长，也是世界上最适合种植甘蔗的地区之一。

崇左市制糖业带来的税收占全市财政收入的"半壁江山"，糖料蔗种植使120多万农业人口受益，被称为崇左市的"甜蜜产业"。崇左市被誉为"中国糖

扶绥"甜蜜之光"甘蔗基地 摄影：韦坚

都"，也是我国重要的糖业生产基地，全市甘蔗种植面积约 400 万亩，年产糖超过 200 万吨，占广西的三分之一、全国的五分之一，榨蔗量和产糖量连续多年位居全国地级市首位。

为了助力甘蔗种植节本增效，自 2016 年起，崇左市气象部门联合广西气象科学研究所创新性开展甘蔗生长全过程的智能、精准、分众、融合式服务模式的探索，使气象服务信息与防灾减灾措施无缝隙衔接，形成"气象部门＋行业龙头企业＋基地（园区）"模式，取得"气象监测预报信息＋规模化生产管理设施＋生产信息反馈与互动"链条式环环相扣的服务效果，实现了从传统农业气象服务模式向智能精准服务模式的转变。

2018 年，广西气象部门在崇左市扶绥县渠黎镇开展甘蔗智能精准气象服务示范建设，示范基地面积约 100 亩，实现了分地块的灌溉用水量精细化预报、营养的按需配比、灌溉实施的智能控制和信息反馈与互动，并成功规模化应用于甘蔗生长全过程。经组织专家测产验收，该示范基地糖料蔗单产达每亩 8.5 吨，每万亩甘蔗可节本约 270 万元、增效约 2020 万元，取得了显著的社会效益和经济效益。

同时，将甘蔗气象研究和成果转化应用视野从广西扩展至全球，研究了甘蔗主产国蔗糖产量预报的关键技术，发布了国家标准《甘蔗干旱灾害等级》、行业标准《甘蔗长势卫星遥感评估技术规范》，发布"世界甘蔗主产国蔗糖产量预报"服务于国家和省级政府及相关部委，获得领导肯定和批示，系列研究成果及应用服务不仅为国家制订食糖价格和进口配额提供科学的决策依据，更为"一带一路"国家建设布局提供了有力支撑。

三娘湾：中华白海豚的故乡

施佩宏　邝良俊

三娘湾海豚倩影　摄影：李斌喜

　　"……天弯弯地弯弯，一弯弯到北部湾，湾里有个三娘湾，神奇故事天下传。湾湾里边沙滩美，湾湾里边海蓝蓝，湾湾里边春潮涌，渔家儿女歌声甜……"这首《湾湾歌》中的三娘湾位于广西北部湾的顶端，距离钦州市区大约 40 千米，位于北回归线以南，属南亚热带海洋性季风气候区，热量丰富，雨水充沛，冬无严寒、夏少酷暑。年平均气温 22.5℃，年平均降水量 2173.9 毫米，年总日照数达 1721 小时。

　　三娘湾景区是广西壮族自治区钦州市管辖的国家 AAAA 级旅游风景区，2004 年以前还只是一个小渔村。相传远古的时候，三个仙女下凡，发现了这个美丽的海湾和三个以出海打鱼为生的勤劳英俊的小伙子，于是决定留下来嫁给他们。玉帝得知后，只允许三个仙女在人间住三年。三年后，玉帝不见仙女回来，大怒之下，趁着三个青年出海打鱼，掀起狂风恶浪。仙女们顶着滔天巨浪，并排在海边站着盼望丈夫能平安归来，但恶浪吞没渔船，她们的丈夫永远也回不来了。仙女不愿意返回天庭，化身三块花岗岩石，"三娘湾"之名由此而来。在三娘湾，还有天涯石、双石、定风珠、风流石、母猪石、石狗等许多拥有神奇传说的岩石。而在三娘湾，最为神奇的是那里住着一群被誉为"海上大熊猫"的中华白海豚。

　　三娘湾的海豚从何而来？距今约 230 万年前，经过地带断层，陆地下沉，海水侵入陆地，北部湾首次出现，再随着冰期的到来又结束，造成全球性的海进，在距今 5000 ~ 6000 年的时候，今日的北部湾终于形成。当一切有碍迁移的屏障都被淹没在海水之下的时候，原来被"囚禁"在巽他群岛四周的一部分白海豚，随着温热的洋流由西南向东北奔涌，于 6000 年前到达北部湾，成为北部湾最早的"移民"。据明朝嘉靖年间编成的《钦州志》记载："拜风，无鳞，大似海猪，望东跃则东风起，南跃由南风起，故名。"三娘湾当地渔民，把海豚称为拜风鱼。

说到三娘湾的白海豚，不得不提北京大学的潘文石教授——一位把毕生精力都奉献给珍稀动物研究和保护领域的专家。2005 年，钦州临海工业进入飞速发展的时期，潘文石带领科研团队在三娘湾成立了北京大学钦州湾中华白海豚研究基地，致力于白海豚的研究和保护。

潘文石带领的团队经过长达 10 年的研究发现，三娘湾的海豚携带着特殊而古老的基因，是一群独特的白海豚地理种群，而且青壮年个体居多，是地球上最年轻最健康的中华白海豚种群。研究还发现，不属于中华白海豚自然保护区的三娘湾海域，反而比保护区的海豚还多。研究团队把东起大风江、西抵金鼓江的三墩路，北从海岸线向南至 10 米等深线，海域面积约 350 万平方千米的三娘湾海域确定为海豚自然庇护所。从那一刻起，三娘湾就肩负起一份神圣的使命。这一海域之所以能成为中华白海豚的自然庇护所，至少有 4 个方面的原因：首先，三墩路和大风江口湾外的沙督岛这两条天然的"护栏"形成独特的地貌屏障，把来自北海港和钦州港的垃圾和污水都挡在了三娘湾海域的两头；其次，北部湾地处北热带和亚热带的交界处，三娘湾—大风江口区域位于北回归线以南，属亚热带季风性湿润气候，而海豚喜欢生活在这样相对稳定的湿热气候中；第三，整个北部湾沉积物中重金属含量的总体水平较低，陆源污染较少；第四，大风江口至三娘湾海域养育着大量的生物物种，具有稳定、健康、高生产力的生态系统。

如今，钦州港发展迅猛。巨轮远航，汽笛声声，吊车高耸，码头繁忙，工厂林立。而隔一路之遥的三娘湾海域，碧海蓝天，树影婆娑，沙滩金黄，海石奇异，海豚欢跃，鱼虾肥美。这是世人用智慧描绘出的"让白海豚与大工业同在"的和谐发展景象。

2006 年，三娘湾获评国家 AAAA 级旅游风景区，是著名电影《海霞》和电视剧《海藤花》的拍摄基地。近年来，三娘湾淳朴的渔家风光、美味的海鲜，特别是这一群"海上精灵"，吸引了越来越多的游客。凌晨的三娘湾，如果是无风浪的日子，一对对夫妻乘着他们自己造的小小渔船，在家门口的浅海里转上一圈，撒一个网，等上三五个小时收网，一天的生计就有着落了。如此悠闲而又惬意的生活方式，对住在大城市的人具有巨大的吸引力，所以越来越多的游客喜欢到这里租上一条渔船出海拉网打鱼，回到岸边就到"渔家乐"品尝自己亲手打回来的海鲜，那种不仅限于从味蕾感受到的美味，能让游客久久回味。

而"观豚游"更是世人认识三娘湾的重要名片。春季是海豚求偶、繁殖的季节，在这个季节里海豚最活跃，出动最频繁，人们可以乘一小船出海，寻觅这群"大海的精灵"。之所以说海豚是"大海的精灵"，因为海豚会救落水的人，还能和人类亲密地嬉水游玩，是人类的好朋友。作为中华白海豚的"自然庇护所"，三娘湾景区当然也要承担着宣传和保护白海豚的责任。在三娘湾景区观豚路北面，坐落着中华白海豚救护中心，总建筑面积5000多平方米，包括研究中心、科普馆和保护中心3个部分。这里不但是受伤的海豚的救护场所，也是供游客参观学习的科普馆。走进大门，首先呈现在人们眼前的是立体海洋馆，这是一个结合声音、灯光、电子投影打造的四维立体空间，可让游客身临其境观察海豚。进入三娘湾生态展示区，大家便会理解为什么白海豚喜欢这片海域；再往前走，是白海豚的起源区、全球白海豚展示区、中华白海豚展示区；最后的展区是面对海豚生存状况的沉思与出路，让参观者进一步了解海豚，从而激发保护海豚的意识，引发对地球生命未来之路的思考。

生于斯，长于斯，共享一片碧海蓝天，为中华白海豚守护好它们的家园，践行生态文明发展理念，需要我们的共同努力。

晚霞映照下的三娘湾　摄影：李斌喜

南国『精灵』白头叶猴

潘汉海

它们浑身通黑，唯有头部直立着一小撮白毛；它们行走如飞，以桂西南喀斯特峰丛为生境；它们以树叶为食，择岩洞而居，仅发现于广西壮族自治区崇左市，是世界上绝无仅有的石山"精灵"——白头叶猴。

白头叶猴俗称乌猿、白乌猿、白叶猴等，属于亚洲叶猴的一种，除躯干为黑色外，头部连同冠毛及颈部和上肩均为白色，似"头戴白帽"，白头叶猴由此而得名。

白头叶猴迄今已有 300 多万年历史，目前全球仅存 1000 只左右，数量比

白头叶猴一家在悬崖峭壁上休息　广西崇左白头叶猴国家级自然保护区管理局供图

189

初生的小猴与妈妈在一起觅食　广西崇左白头叶猴国家级自然保护区管理局供图

国宝大熊猫还少，且国外还未发现白头叶猴的活体和标本。崇左市被誉为"中国白头叶猴之乡"，世界 95% 以上的种群生活在崇左白头叶猴国家级自然保护区。保护区地处江州区和扶绥县辖区内，由板利、驮逐、岜盆、大陵 4 个石山片区组成，占地面积 25000 多公顷。

白头叶猴是一种半树栖半岩栖的热带动物，主要吃树叶、果实、花或茎。它们也是社会性的群居动物，往往选择在悬崖峭壁之上安"家"。

与大多数灵长类动物不同的是，白头叶猴的幼体和成体在外貌上差别很大，初生的小猴长着金黄色的毛发和乌溜溜的大眼睛。成年的猴子除了头部和双肩是白色，其余为黑色，头顶上长着一簇冲天的白发。

白头叶猴之所以能够在崇左地区生存繁衍，除了地质、地貌的特殊性外，还与当地独特的气候条件和生态环境有关。崇左市位于广西的西南部，地处北回归线以南，年平均气温 21.7℃，年平均降水量 1279 毫米，年平均日照 1603 小时，热量资源丰富，雨量充沛，植物基本能够全年生长，是一个长夏无冬、四季花开的气候环境，白头叶猴能在一年中得到可靠而充足的食物来源，这里奇特的喀斯特森林生态系统成了它们最后的家园。

珠还合浦话南珠

曾涛　潘绚

　　古往今来,珍珠象征着幸福和富贵。有道是"西珠不如东珠,东珠不如南珠"。在我国北部湾一带所产的珍珠就属于"南珠"这一范畴。"南珠"粒大、珠圆、珠层厚、粉色嫩、晶莹璀璨。

　　在北部湾畔,一直流传着"珠还合浦"(又名"合浦珠还")的动人传说:珍珠仙子本是天上仙子,她看到南海旁边的渔村荒凉破落,渔民家境贫困,深感同情,自愿从天上仙宫沉落海底,任凭海水浸泡、海浪冲洗,变成熠熠生辉的珍珠。渔民们采撷珍珠,过上了安适的日子。但到了东汉,由于贪官污吏残酷压迫珠农,强迫他们不分昼夜、无限量地采撷珍珠,导致当地民不聊生。珍珠仙子看在眼里,痛在心上,于是决心离开,从此北部湾一带产珠量大减。后来,孟尝出任合浦郡太守,整治沿海珠池,弃除苛捐杂税,打击贪官奸商,优抚百姓,恢复生产。珍珠仙子目睹一切,暗自欢喜,也悄悄地回到了北部湾,珠农们又能采到了闪闪发光的珍珠了。

　　这一故事还在《后汉书·孟尝传》中有迹可循:"迁合浦太守,郡不产谷实,而海出珠宝",可见,在孟尝任合浦郡太守前,合浦的采珠业已相当兴盛。"先时宰守多并贪秽,诡人采求,不知纪极,珠遂徙于交趾郡界。于是行旅不至,人物无资,贫者死饿于道",从这段记载来看,由于采捕无度,破坏了珍珠的生态环境,民不聊生。"尝到官,革易前弊,求民病利,曾未逾岁,去珠复还。百姓皆返其业,商货流通,称为神明",孟尝到任后,清正廉明、勤政律己,采取了一系列有效措施,使珍珠得到保护和繁衍,"去珠复还",这才有了"珠还合浦"的故事和传说。"珠还合浦"的故事内涵深厚,寓意深刻。整肃吏风,改善生态和关注民生是故事的主要内涵。后人为了纪念清廉的孟尝,在合浦县内建造了还珠亭、海角亭和孟尝太守祠。

　　"珠还合浦"作为成语典故,已是脍炙人口,合浦和南珠也由此闻名于世。

合浦珍珠（一）　　　　　　　　合浦珍珠（二）

据考，西汉元鼎六年（公元前111年）汉武帝平定岭南，将原南越王国分设为九郡，即儋耳、珠崖、南海、苍梧、郁林、合浦、交趾、九真、日南。当时的合浦郡包括现广西钦州、北海、防城港地区以及现广东西南部等地。秦汉以来的古籍中记载有大量的百越民族开采和使用珍珠的史料，而百越珍珠发展史是以合浦为中心的。史载，"适秦开疆百粤，尉屠睢采南海之珍以献"，据此可知，早在汉代以前合浦就盛产珍珠。据《合浦县志》记载，合浦古时有杨梅、青婴、平江、乌泥等七大珠池盛产珍珠。自汉代以来的历代封建统治者均要合浦太守上贡合浦珍珠。

珍珠曾被赋予浓厚的神秘色彩，道其"闻雷而孕，望月而胎"的海中神物，又说其是人鱼公主的眼泪变成的。其实珍珠作为一种古老的有机宝石，主要产于珍珠贝类和珠母贝类软体动物体内。贝类内分泌作用而生成的含碳酸钙矿物珠粒，就是珍珠了。可以说，每一颗珍珠，都凝聚着珠蚌痛苦而美丽的一生。在咸水中浸泡，在海浪中抗争，在岁月雕琢里熠熠生辉。我国主要出产的珍珠品种有马氏珠母贝、珠母贝、企鹅珍珠贝、解氏珠母贝等。合浦一带出产的就是马氏珠母贝，其一般生活在低潮线附近至水深20多米，底质为沙、沙泥或石砾、岩礁的海区，幼贝在低潮线至3米左右栖息密度最大，而成贝则多栖息于水深5～7米或更深的水层。

北海市合浦县位于广西壮族自治区南端，北部湾东北岸。县辖区内有平原、丘陵、台地、海岸，呈现北枕丘陵，南滨大海，东、南、西遍布红壤台地，中部斜贯冲积平原的地貌态势。沿海滩涂辽阔，海湾开敞，潮流畅通，海域隐蔽，港湾交错。夏无酷暑，冬无严寒，平均气温22.4℃，水温15～25℃，浅海多为砂质或砾底质，浮游生物丰富，最适宜珠贝的繁殖和生长，是得天独厚的天然珠池。

近年来，北海市气象局开展了有针对性的南珠产业气象服务，组建了南珠产业气象服务保障团队，开展水产养殖气象服务指标研究，通过微信群向养殖户开展直通式气象服务。他们研究发现，珍珠的生产与水温有密切关系，珍珠的适温范围为 15～30℃，最适水温为 23～25℃。当水温下降到 13℃时，代谢机能降低，到 10℃时贝壳几乎完全停止运动，水温下降至 6～8℃时间超过 21 小时，就会大量死亡或受到严重的损伤，即使水温回升后也不能恢复。广西沿海马氏珠母贝长期生活在水温较高的环境中，所以对低温的适应能力较差，特别是 3 厘米以下的小贝。1964 年、1967 年北海市海区和 1968 年白龙海区都曾出现过几次由于寒潮袭击而引起大批珍珠贝死亡的情况。据记载，1964 年 2 月 20—28 日，平均水温为 7.9℃，最低水温为 5.3℃，最高水温为 13.5℃；1967 年 1 月中旬，平均水温为 11.3℃，最低水温 9.1℃，最高水温为 14.5℃。

珍珠和珍珠贝全身都是宝，其用途广泛。据药典记载，珍珠性寒无毒，有镇心润颜、止渴坠痰、点目去膜等功效，还可治小儿惊风、腹泻、创伤、抽搐和心悸等，在中药上应用很广，如珍珠丸、六神丸、安宫牛黄丸、八宝眼药等几十种成药中都有珍珠的成分。

珍珠还是护肤佳品。明代李时珍在《本草纲目》中载有用珍珠粉"涂面，令人润泽好颜色。涂手足，去皮肤逆胪，坠痰，除面（斑），止泄。"珍珠膏、珍珠霜、珍珠液，可通过人体表皮细胞吸收，增强皮肤细胞活力，提高代谢能力，由于其自身含有适量的高级脂肪醇等，常用可使肌肤柔嫩白净，滋润光滑。

珍珠风味小吃是厨师们借助贝肉的特殊功用，经过实践研制出的一批名菜、小吃。有珍珠鸳鸯丸、珍珠扒大鸭、双龙戏珍珠、珍珠酿海参、珍珠菠萝盅、合浦珍珠鸡、珍珠扒菜胆等菜式，还有珍珠粥、珍珠凤凰球、宫廷珍珠贝肉汤等小吃，均获得美食家们的好评。在北部湾沿海一带，流传着这样一句话："在吃珍珠贝肉的时候，如果有谁吃到珍珠（越大越好），谁就是最幸运的人"。当然，在吃珍珠贝肉的时候必须小心地咀嚼，否则天然珍珠会被咬碎或吞进肚子里去，这样"幸运之神"就会从你的嘴边溜走，实在可惜。

近年来，南珠文化得到很好地传承和弘扬。北海市多次成功举办国际珍珠节，已经成为中国珍珠重要的生产、销售中心，其市区还建有南珠宫，珍藏众多美丽的南珠。如今，南珠早已不是达官贵人的专宠，而已走入寻常百姓家。走在街头，佩戴珍珠项链的女士比比皆是。南珠宫里，大珠凝重皎洁，小珠玲珑瑰丽，串串乳白或淡黄的珠链，发出温柔纯净的光彩。用珍珠做成的耳坠、手链、戒指、胸花、发夹等更是琳琅满目，美不胜收。

往事越千年，"珠还合浦"的故事代代相传，故事越传味越浓，越传情越深，越传路越宽……

天人共造的钦州坭兴陶

施佩宏

钦州坭兴陶是具有千年历史的中国四大名陶之一，曾在1915年美国旧金山举办的巴拿马太平洋万国博览会上获金奖。时隔15年，钦州坭兴陶在比利时举办的世界陶瓷展览会上再获金奖。其细腻坚硬的质地、透气不透水的特性，融诗、画、书于一体的美感，加上经过神奇的窑变后而创造出的永不雷同的唯一性，让坭兴陶声名远扬，深受人们的喜爱。田汉曾作诗："钦州桥畔紫烟腾，巧匠陶瓶写墨鹰，无尽瓷坭无尽艺，成功何必让宜兴。"

钦州这方水土，让钦州人能够做出好陶，其独特的地理位置为坭兴陶提供了优质的陶土资源。钦州市北枕山地，南濒海洋，地势北高南低，在南部低丘滨海岗地、平原区冲积出的钦江三角洲是钦州市最大的冲积平原。分布在钦江以东低洼地带的"东泥"和分布在钦江以西小山坡的"西泥"是坭兴陶的主要原料，"东

制陶工匠制做坭兴陶　摄影：李斌喜

坭兴陶　摄影：李斌喜

泥"，俗称"五花泥"，为软性泥土，含铁量高，并含微量石英砂，可塑性和结合性强；"西泥"，又称"紫红泥"，为硬质黏土，含铁量较高，呈致密块状，可塑性和结合性比东泥稍差。从钦江江畔取回的东泥封闭存放，西泥取回后经过4至6个月的日照、雨淋、冰冻使其碎散、溶解、氧化，达到风化状态，再经过碎土，按特定的比例混合，再经制作坯料等复杂的工艺流程，方才将天然陶土炼成坭兴器所需要的泥料。

选泥、炼泥、拉坯、修坯、雕刻、炼制、打磨……雨淋日晒后的陶土经过烈火煅烧，便如凤凰涅槃般衍生出美轮美奂的品相，成为赏心悦目的艺术品。每件陶器的问世都必须依据陶土的泥性特点，经过成型工艺和烧制技艺，才能最终成为精美的陶艺。

钦州坭兴陶炼制技艺于2008年6月被列入第二批国家级非物质文化遗产名录。自2016年起，钦州每年举办千年古龙窑火祭大典，火祭大典沿袭600年前的古制进行，有净手、燃香、鞠礼、敬香、祭拜、点礼炮、放烟花、乐舞告祭等环节。这个古老仪式诠释了坭兴陶传承的历史文化之魂。

坭兴陶也可以制成电饭锅、汤锅、保温瓶、茶具等生活用具。钦州人喜欢喝"老火靓汤"，用坭兴锅慢火炖出的汤色白、香浓、味醇。晚饭后，用坭兴茶具泡上一壶茶，一壶香茗在手，既品茶香，也品陶美。

风味篇

"生之者地也，养之者天也。"觅食乡野，寻味市井，蕴藏在饮食生活中的美和意趣，深藏在舌尖上积淀的深刻。一半烟火，一半清欢，这般滋味你可期待？

舌尖上的米粉

曾涛

你能想象广西人吃不到米粉的境况吗？那是一种慌乱感。如果没了米粉，他们会陷入困窘和焦灼。米粉之于广西人，早就不止填饱肚子那么简单了。舌尖上的米粉，是广西人的一种精神寄托和文化传承。

山水旖旎的广西大地上，散布着各式各样的米粉，酸的、辣的、香的、"臭"的，不露声色地潜进广西人的日常，"霸占"着广西人的饭桌。相比很多地区只有早餐吃粉的习惯，广西人的早中晚餐都会有米粉的出现，肚子一饿、嘴巴一痒，就会想来上一碗鲜香美味的米粉解馋。

桂林米粉（一）　摄影：刘英轶

桂林米粉、柳州螺蛳粉、南宁老友粉、全州红油粉、玉林牛杂粉、蒲庙生榨粉、宾阳酸粉、罗秀米粉……广西米粉的种类，细数起来，不胜枚举。

广西米粉有生榨现煮，也有干粉发制；有浓汤厚味，也有无汤干拌。配料就更加丰富了，不管你茹素，还是无肉不欢，都能在一碗米粉中寻得圆满。

众多米粉中，传播最广、名声最响的当属桂林米粉、柳州螺蛳粉、南宁老友粉。桂林米粉，如同桂林山水般温润、雅致。柳州螺蛳粉集酸、辣、"臭"于一身，张扬有个性。南宁老友粉就像一个宽厚温柔的老友，不聒噪，静静地藏匿在城市的角落。"三大粉"已成为广西的饮食名片，传递的是文化，传递的是温度。

好山好水出好物——桂林米粉

众所周知，桂林山水甲天下。那么，就如常言所道"好山好水出产好物"。桂林地处亚热带季风气候区，盛产大米，《徐霞客游记》记载："坪月色当空，见平畴绕麓、稻畦溢水，致其幽旷。"将徐霞客在桂林游历时看到成片稻田和繁忙插秧的情景描述得淋漓尽致。

同时，桂林盛产花椒、草果、八角、桂皮、茴香等香料和牛、猪等牲畜。由于有了这得天独厚的自然环境和优质丰富的物产资源，才孕育出了中国米粉界响当当的品牌——桂林米粉。

"三大粉"中，桂林米粉历史最悠久。关于桂林米粉的起源，据说还与秦始皇统一中国有关呢。相传，秦始皇吞并六国、统一中原之后，立即挥师南下征战百越，并在兴安修建灵渠。秦军是北方人，大多水土不服。岭南地区盛产大米，不长麦子，习惯吃面食的秦军很是难受。为了不让将士们饿着肚子上战场，军中伙夫动起了脑筋，按照西北和面制作原理，把大米泡胀，磨成米浆，滤干水分以后，揉成团，然后把粉团蒸至半熟，再拿到臼里杵舂，最后用人力榨干粉条，直接落到开水锅里煮熟，做成类似面条的米粉。

解决了温饱问题之后，秦军的郎中采用了当地的草药，煎制了防疫汤药，让将士服用。士兵们经常是米粉和药汤合在一起吃。久而久之，就形成了桂林米粉卤水的雏形。后来，卤水经历代改良，从最初的治疗脘腹疼痛、消化不良、上吐下泻等的汤药，演变为一碗米粉的"灵魂"。

广西常年高温多雨，地形上多丘陵和盆地，古时候称之为"瘴疠之地"，潮湿的空气难以消散，很容易滋生病菌。人们发现，将各种香料和中药材混在一起熬成浓汁，喝下后可以缓急解毒、活血舒筋，抵抗瘴气。经过不断改良，

桂林米粉（二）

具有药膳功效的卤水已经成了每个米粉小店市场竞争的筹码，一碗粉好不好，卤水说了算。现在，卤水的制作方法通常是使用猪筒骨、猪肉、牛肉等，配上花椒、陈皮、桂枝、八角等香料，再加入数十种中药材一起熬制而成。

做出一碗美味的桂林米粉有两大要素：一个是茅（máo），一个是卤。桂林人从来不说煮米粉、烫米粉，他们说"茅"。新鲜米粉在将开未开的热水中来回晃荡个20秒，就算"茅好了"。米粉沥水扣在碗中，舀一小瓢卤水均匀浇在粉上，米粉滚烫，烘得卤水的香味直往上蹿。到这一步，一碗米粉的滋味已经定型。

米粉、卤水、配菜（脆皮锅烧、牛肉叉烧、酥黄豆等）是桂林米粉的组成部分，缺一不可。主要的卤菜为香浓的卤牛肉、醇厚的叉烧、金黄的锅烧，桂林人最常吃的料码，一个是切得薄如蝉翼的卤牛肉，再则是炸得金黄酥脆的猪下巴（本地人管它叫"锅烧"）。桂林米粉最经典的吃法是"干捞吃法"。将米粉沥去水后放入碗内，把脆皮锅烧肉、牛肉叉烧等切成片状铺在粉上，调入卤水，再往上面撒些翠绿的小葱末、炸脆的黄豆、砸碎的蒜米，一碗米粉端上来视觉上色彩跳跃、闻起来香气四溢，如果爱吃酸、辣，还可以拌入酸豆角、酸笋、辣椒等充分搅拌，夹起一筷，粉条爽滑，卤水鲜浓，肉菜回甘，酥黄豆的加入让口感层次愈加丰富。桂林人还喜欢在米粉吃到一半时，又舀上一勺骨头汤，将其变成汤粉，一碗米粉吃下来有干有湿，风味各异。三部分口味各有独到之处，完整而和谐地配合使得整碗粉相得益彰。

目前关于桂林米粉有据可查的史料记载是元朝时期，大概是1341年。明朝末年及清朝，桂林米粉开始快速发展定型。清朝末年及民国期间，桂林米粉发展进入成熟阶段。今天，桂林米粉散遍全国，可惜的是，离开广西的桂林米粉，粉不香，卤不厚，吃起来仿佛"丢了魂"。

桂林米粉于桂林人而言，是烙在记忆深处的乡愁。著名作家白先勇说："我一回到桂林，三餐都到处去找米粉吃，一吃三四碗，那是乡愁所引起的'原始饥渴'，填不饱的。"

一碗粉里的鲜活与包容——柳州螺蛳粉

柳州，广西最大的工业城市，却有着"山清水秀地干净"的美誉。在柳州，从大街小巷的小食摊到星级饭店的厅堂，随处可闻到螺蛳粉酸酸臭臭的味道。

柳州是中国古人类"柳江人"的发源地，有古人类文化遗址白莲洞遗址。在白莲洞遗址发现了大量的螺蛳壳堆积物，证实了距今约 2 万年前，当地的人类就开始捕捞螺类食用了。

从一碗螺蛳粉里可以看出柳州人性格中的包容且富于创新的特质。柳州是一个多民族相聚而居的地区，居住着壮族、汉族、苗族、侗族、瑶族等多个民族。同时，柳州自古以来水陆交通发达，有"桂中商埠"之称，受到相邻的湖南、贵州喜食酸、辣的影响，又靠近广东，受鲜、苦等口味的影响。米粉是汉族地区传统食品，而用甜笋制作的酸笋是苗族、侗族等少数民族地区的传统食品，螺蛳粉将汉族和少数民族饮食文化结合在一起，产生出"辣、爽、鲜、酸、烫"的美妙味觉记忆，开胃而不上火。可以说，螺蛳粉是各民族以及不同地区饮食文化的碰撞、融合，绽放出火花的结果。

螺蛳粉（一）

在螺蛳粉店，螺蛳汤，汤色清澈，鲜味浓烈；米粉单独烫熟，在碗中扣出一个龟壳状，将酸笋、酸豆角、炸腐竹、花生、木耳、油麦菜等置于其上，最后舀一勺黄澄澄的卤水。螺蛳粉特有的"酸"和"臭"瞬间被高温激活，不怕辣的就再添一勺辣油，趁热吃起来，那种刺激，绝对满足你挑剔的味蕾。

关于螺蛳粉的起源，有数种说法，归纳起来就是20世纪80年代柳州某家街边小店不经意之间的尝试：将螺蛳汤和米粉一起煮，形成了螺蛳粉的雏形，让很多人吃一次便爱上了这一口，口耳相传之间，越来越多的人知道了螺蛳粉，这个长在路边摊的小吃"新秀"最后成了一道红遍国内外的美食。

一碗好的螺蛳粉，要够鲜、够酸、够辣。鲜主要是指螺蛳汤。初见螺蛳粉的人会感到好奇，端上来的怎么是一碗没有螺蛳的螺蛳粉？螺蛳粉的奇妙之处在于汤，用螺蛳肉、猪骨、八角、肉桂等精心熬制，所有鲜香精华都浓缩在汤里，螺蛳肉都丢弃了，所以是看不见螺蛳肉的。

酸指的是酸笋。螺蛳粉的配料中，酸笋必不可少，它是螺蛳粉"臭味"的来源。酸笋的"臭"，辐射范围广，停留时间长，一条街上如果有一家卖螺蛳粉的馆子，整条街都笼罩在这种气味下。刚吃完螺蛳粉的人浑身散发着这种酸臭，走在街上往往引人侧目，但食者自己浑然不觉，沉浸在螺蛳粉"销魂"的味道里不能自拔。广西自古盛产竹笋，酸笋则是广西人对竹笋加以利用的智慧表现，广西人用竹笋泡制的上等酸水呈现金黄色，散发的酸味醇香而浓厚。《本草纲目》中说酸笋"气味酸、凉、无毒；主治止渴解酲，利膈。"食用美味廉价的酸笋，不仅有防暑降热的功效，还能排除因地理环境所带来的胀气。喜食酸制品还可能与古代食物缺乏、尤其是缺盐有关，把暂时吃不完的食物用坛瓮腌贮，可以保障在较长时间里有菜佐食。因而在广西，当采摘竹笋的季节来到时，人们会想办法把它们保存起来以备没有食物下饭时食用。人们起初的想法或许只是想保存竹笋，不料腌制后不仅美味而且有食疗功效，让人们更喜爱它了。

柳州人嗜辣，所以一碗正宗的螺蛳粉要够辣。广西属于亚热带季风气候区，气候特点适合辣椒的广泛种植。广西大部分属于丘陵地形，空气不易流通，夏季高温多雨。高温会使人食欲减退，在米粉中添加辣椒正是为了让人们在炎热的天气里能够很好地享受美食。辣椒还可能帮助人体排除体内湿气，对"瘴气"之病也可以起到防御的作用。

螺蛳粉的粉，采用当地特有的软韧爽口的圆米粉，颇有嚼头。螺蛳粉的配料让人看到眼花缭乱，往往多达十余种，主要有酸笋、花生、油炸腐竹、黄花菜、

螺蛳粉（二）

木耳、萝卜干、鲜嫩青菜等，一碗粉端上来，各色齐全，热辣鲜香，让人食指大动。

几日不见，如隔三秋。对柳州人而言，这说的就是螺蛳粉。如今，螺蛳粉从小巷走向全中国乃至世界，从"现煮堂食"到"袋装速食"，成了真正的"网红美食"，尤其受到年轻人的欢迎。不爱它的人对它敬而远之；爱它的人闻之开胃，想之垂涎，食之迷醉，往往被螺蛳粉的独特"香味"勾住了魂，吃完一碗立刻惦记起下一碗。柳州螺蛳粉彰显着柳州这座城市的杂色性格，同时，也吸引了众多和柳州人一样鲜活包容的吃客。

市井烟火入味来——南宁老友粉

南宁市是广西的首府，和所有省会城市一样，难逃老旧和革新的激烈碰撞。城市日新月异，老南宁人心中的"老友情结"却历久弥新。老友粉可以说是南宁的"地标"，到南宁不吃老友粉和到北京不吃烤鸭一样有徒劳往返之嫌。

只有体会到一碗老友粉中浓郁的老友文化，才能明白为什么南宁人会视之为心头所爱。相传一位老者常去一间茶馆喝茶聊天，和茶馆老板成了好友。有一段时间，老者因得了重感冒没去喝茶。老板得知后，便以爆香的酸笋、酸辣椒、豆豉、肉末、蒜米等食材，加以浓郁的大骨汤和面条，煮成一碗汤面，送去给老者。老者吃了这碗热辣酸香的面，顿时大汗淋漓，感冒症状大为减轻。为了表示感谢，老者向茶馆老板赠送了一块写有"老友常来"的牌匾。由于南宁人爱吃米粉多过面食，老友面又演变成老友粉。老友粉就这么传承了下来，而老友情也确实存在于土生土长的南宁人之间。很多南宁人从小爱吃老友粉，还常约三两好友一起去吃。从小到大，从聚到散，老南宁人最爱市井小巷中熟悉的老友粉的味道。

老友粉

吃的是粉，闻的是烟火味，品的是老友之间的情谊。

南宁地处低纬，气候暖湿。吃老友粉，夏天除湿下饭，冬天御寒保暖。受气候影响，南宁人形成了白天尽量减少户外活动，避免高温暴晒和中暑，晚上出门纳凉的习惯。这就产生了当地的夜市文化。华灯起，凉风习习，三五好友谈天说地，便需要一碗味道酸辣、口感爽滑的老友粉来助兴了。

老友粉须现场炒制，比普通汤粉多了一份鲜香，而且米粉和炒好的配料一起煮，味道融合得更彻底。通过先炒后煮，汤中保留了原料中析出的营养成分。炒制将配料的作用发挥到了极致，赋予了老友粉独特的风味。从营养学的角度分析，煮制可使米粉中的淀粉类多糖充分裂解，使人体更易吸收。另外，老友粉是一锅出一份的方式出品，原料会随着汤汁全部进入食客碗中，不用担心烹调损失的问题。

在老友粉店里，通常是将豆豉、蒜米、酸笋先爆香，再加一大勺醇浓的骨汤，汤沸放米粉，待到粉软汤浑、各种滋味纠缠不清的时候，出锅撒点青翠的小葱。一碗老友粉，汤浓粉香、瘦肉爽嫩、猪肝细腻、粉肠柔软，酸笋、辣椒、豆豉是风味基调，酸辣咸鲜，缺一不可。

老友粉讲究荤素搭配，既有猪肉或牛肉等肉类，又有酸笋、西红柿、青菜等。一碗下去，不仅能果腹，而且鲜美有营养。正宗的老友粉是酸、鲜、咸、辣的口味，酸笋和西红柿的酸令人胃口大开，油爆的豆豉香气四溢，而辣椒一般选用经过腌制的"指天椒"，切成小粒洒入锅中，鲜目的红色让人食欲倍增。这些主要配料混合在一起，铸就了老友粉的特色风味和良好的驱寒效果。

老友粉，从烟火市井中来，回市井烟火中去。这道接地气的小吃代表，实现了酸和辣巧妙的结合，在风雨变迁中彰显了一座城市的气质，让人们倍感温暖。

广西人的稻米情愫

黄姿娜

广西人的一天，从稻米开始。

地处低纬度地区的广西，辖区内河流纵横，热量丰富、雨量充沛，高于或等于10℃的积温在 4900 ～ 8300℃·d，是全国积温最高的省区之一，气候环境非常适宜水稻生长。考古和基因研究表明，广西是野生稻最早被驯化的地方之一，水稻品种之多，并由此形成的一系列充满稻作色彩的饮食习俗，承载着历史的积淀，也抚慰着世人的情感和心胃。

龙腾金秋　摄影：李斌喜

壮乡大地的丰收　摄影：韦坚

广西主要的稻米品种分为粳米和糯米，其中最具特色的就是各类糯米制品。糯米蒸煮后黏稠绵软，富含油脂且便于携带，常化身糕、团、糍、饼、酒等形态。从婴儿新生到古稀大寿，婚丧嫁娶、祭祀迎宾，人生所有悲欢离合的场景，糯米从未缺席。其中，粽子、五色糯米饭、糍粑等品种深受大家的喜爱。

广西的粽子多种多样，有白米粽、黑米粽，形状分枕头、方形、三角等，馅料有绿豆、板栗、五花肉、排骨、香肠等，也有不放馅的凉粽，吃法可蒸、煎，也有蘸糖吃的。比较有名的大肉粽产自南宁一带，每只重约 1 千克，甚至达十几千克，多以肥猪肉、绿豆为馅，膏腴不腻。除端午、春节等传统节日外，人们在日常饮食也常吃粽子。

五色糯米饭一般在"三月三"和清明节时制作，用 5 种可食用的野生植物的汁液浸泡糯米之后蒸煮，色彩斑斓还带着山野的清香。糍粑则是把糯米蒸熟之后捣成泥状，可包入肉和豆角、木耳等作咸馅，也可放入白糖、芝麻和花生等作甜馅食用。清明前后，广西人还喜欢采摘艾草揉入糯米粉团做成艾粑，清香且软糯可口。

相较于糯米食用的仪式感，其他稻米食品的制作更日常，比如煮粥。广西人喜欢喝粥，配以木瓜丁、酸辣空心菜梗、酸辣芋苗、炒萝卜干等各式各样的小菜。白粥煮起来简单，一口下肚，瞬间解渴、消暑。常煮的还有玉米粥，在白粥中添加玉米粉或玉米粒，口感更顺滑、营养更丰富。除了米饭和粥，大家最喜欢制作的就是各种各样的米粉。广西人一日三餐皆可吃粉，特别是桂南地区，由于地处南亚热带，终年气温较高，身体里的水分消耗大，在饮食方面就养成了喜欢食用带汤水、易于吞咽和消化的食物的习惯，米粉正好迎合了这个需求。

广西的米粉除桂林米粉、老友粉、螺蛳粉三大招牌外，还有许多具有地域特色的米粉种类。比如全州红油米粉，桂北地区喜辛辣，将本地出产的红辣椒切成细末入油锅，炸出辣椒素和天然红色素得到红油，红油、米粉、猪骨熬制的汤料与卤水一同混合，香辣可口。对于桂南地区的"粉友"来说，宾阳酸粉是夏日消暑开胃的优选，宾阳酸粉是片状的粉皮，配以米醋、青瓜、香菜、紫苏、蒜米和叉烧、烧肠、炸波肉、腊牛巴肉等，酸甜爽口。卷筒粉是用磨好的米浆进托盘摊成薄饼，根据喜好放入鸡蛋、肉末、玉米、豆角、胡萝卜、木耳等各类馅料，蒸熟后卷成卷即可上碟，搭配广西特色的黄皮酱和香油、酱料，软滑鲜嫩。又如生榨米粉，将米浆发酵后使用，自带一股微酸味，将团膏状米浆通过压榨器压成条状，直接入汤锅沸煮，现榨现吃，可加骨头汤也可凉拌，配料有紫苏、酸笋、酸豆角、柠檬等十余种。深受广西人喜爱的还有玉林牛巴粉、生料粉、干捞粉、钦州猪脚粉、天等鸡肉粉……要吃遍广西的粉，几个月都可以不重样。

每个地区的饮食文化受气候、地理环境、风俗习惯和社会环境等影响。选择了稻米，就选择了一种文化。稻米既是广西人的三餐，也是深入骨髓的传承，广西人用勤劳和热爱，耕耘着这份自然的馈赠，烹饪着生活的百味。

丰收　摄影：李斌喜

气候酿造『广西味』

黄姿娜

在悠久的历史发展中，广西的不同地区形成了不同的民族文化，也形成了独具特色的饮食文化。因注重天然生态、原汁原味，广西菜在美食界也占据了一席之地。

根据广西烹饪餐饮行业协会发布的《桂菜标准体系》团体标准（2021年2月1日起施行），桂菜即广西菜，主要包括桂北风味菜、桂西风味菜、桂东南风味菜和滨海风味菜四大风味菜，形成了以稻谷食物为基础、原汁原味、多民族融合、喜酸味等饮食文化特征。以前民间流行"东甜、西酸、南鲜、北辣"的说法，《桂菜标准体系》则对其进一步丰富，概括成"桂北辣咸、桂西酸辣、桂东南甜辣、滨海鲜咸"。而这些风味从取材、烹饪到口味的差异，又与当地的气候环境有着千丝万缕的联系。

广西地处低纬度亚热带季风区，地形复杂，气候资源分布具有较大的地区性和不均衡性。各地年平均气温在16.5～23.1℃，等温线基本上呈纬向分布，

白切鸡

沙虫

啤酒鱼　　　　　　　　　　　　　醋血鸭

气温由南向北递减，由河谷平原向丘陵山区递减。丰富多样的热量资源，也为各地因地制宜发展多熟制和多种多样的经济作物提供了有利的气候条件。

　　桂北风味菜以桂林、柳州、来宾和贺州等地方菜组成。桂北地区属中亚热带温和湿润气候，雨量充沛，日照偏少，冬春季尤甚，易出现低温冷害、旱涝、霜冻等灾害。桂北地区毗邻湖南、贵州，桂北菜也呈现出了口味醇厚、色泽浓重、嗜辛辣的特点，尤其擅长以山珍野味入菜。辣椒有御寒祛湿的功效，桂北菜的代表如全州醋血鸭、阳朔啤酒鱼、黄豆酸笋焖鱼仔、田螺鸭脚煲等均以辣调味，食之鲜辣可口，酣畅淋漓。

　　桂东南地区多为南亚热带湿润气候，夏季高温多雨，冬季温和湿润。桂东南风味菜以南宁、梧州、玉林和贵港市等地方菜组成，讲究鲜嫩爽滑，用料多样，烹饪方法受粤菜影响很深，口味清淡，以味鲜为主体，追求原料的本味，少用辣椒等辛辣性作料，也不会大咸大甜。如白切鸡、腊味、灵马鲶鱼、梧州纸包鸡等。

　　滨海风味菜则以北海、钦州、防城港等沿海城市的地方菜组成，当地擅长海产制作，讲究调味和配色，味鲜咸，代表菜有白灼沙虫、杂鱼汤、蟹仔粉、萝卜缨炒红螺等。而桂西风味菜则带有少数民族鲜明的特色，主要由河池、百色、崇左等地方菜组成，菜肴取料奇特，制作也极有个性。比如苗族、侗族的酸鱼、酸肉，是祭祀祖先、招待客人、节日聚会必备的上品，把鱼、肉等以盐腌制覆盖酒糟或者糯米饭装坛，等待时间的发酵，这不仅是山区气候潮湿环境中保存食物的方法，也有利于当地人祛湿消化；还有令人"闻之色变"的牛、羊瘪汤，以牛、羊胃中的未消化物作汤底，将牛、羊的肝、肠、肺等剁碎同煮，入口微苦，却有健胃和消化的功效。

　　民以食为天，食为"天"所系。天然食物的分布受气候的影响，广西的饮食文化也在潜移默化中与气候环境和谐相融。

武鸣气候与柠檬鸭

陈瑜琨

柠檬鸭　广西科普网供图

"高峰柠檬鸭"原创于广西南宁市武鸣区旧邕武路高峰界牌酒家，因其风味独特，早已走出高峰，名声在外，成为武鸣的一道名菜。

柠檬鸭，顾名思义，最重要的配料当然是柠檬，选用腌制3年以上的本地土柠檬，才能做出风味最正宗的柠檬鸭。

柠檬的腌制非常关键，将柠檬先洗净，在亚热带盛夏炽热的阳光下暴晒一两个小时，待皮稍软后，按照一层盐一层柠檬的顺序往罐子里码好，再密封，放在干燥通风而且有太阳晒到的地方，让柠檬慢慢发酵。

配料中，仅用酸柠檬是不够的，还需放酸荞头、酸辣椒、酸梅、酸姜、腐乳、白糖、黄酒、紫苏叶等，将鸭块及配料一起用花生油爆炒几下后，文火细焖到鸭肉熟透，改用强火翻炒至汁水成糊状便可装碟享用，吃之酸甜麻辣香，别具风味。

柠檬鸭把鸭肉的清香、脆劲和柠檬的香气、酸味结合得非常好，看其外观，冒着油汁，金黄诱人；闻其香，柠檬与鸭肉香飘扑鼻；品其味，柠檬的酸香中透着梅子的甜味，微辣中藏着鸭肉的细腻；吃起来清爽无油腻感，味道酸甜适中，咸鲜微辣，很是开胃，非常适合炎热的夏季食用。

武鸣的夏季高温高湿，极端最高气温可达40.7℃，6—8月历年平均气温分别为28.0℃、28.7℃、28.7℃，历年平均相对湿度均为78%。中医认为，鸭肉味甘、咸，性微寒，夏季食用既可以进补又能祛暑；柠檬性温，味苦，有生津止渴、祛暑健胃的功效。而紫苏叶，性味辛温，具有发表、散寒、理气等功效。

走出巷口的「博白白切」

权伟鹏

广西壮族自治区玉林市博白县的白切鸡以皮脆、肉鲜闻名，"博白风味""博白白切"遍布玉林乃至广西不少城市的大街小巷。

博白人做白切鸡，讲究"三泡三起"，即在适量的清水中加入生姜和葱，用大火烧开，然后将整只鸡放进去浸烫10秒左右捞起，如此重复三次，再把鸡放入水中用小火煮4分钟左右关火，盖上盖子焖30分钟左右即可。煮好的鸡捞出放入提前备好的冰水中，待鸡身冷却后取出，在其表面抹上一层芝麻油，以防水分流失。这样可以保证做出来的鸡肉色泽光润、皮脆肉鲜、有嚼劲。

博白白切烹饪过程并不显过人之处，真正要做好博白白切，更重要的是在选鸡和调酱上的功夫。博白地处北回归线以南的低纬度，属南亚热带向热带过渡的季风气候，阳光充足，气温高，无霜期长，夏长冬短，无论是地理条件还是气候条件，都非常适宜鸡的健康成长。

有经验的师傅做博白白切都会要求必须是博白本地的"走地鸡"，以农村放养或圈养在果园的本地鸡为佳，除此之外，有的还要求鸡龄须在300天左右，这样挑选出来的鸡健康、肉质结实，才能做出真正的"博白白切"风味。

如今的"博白白切"风味已逐渐走出巷口，得到了越来越多美食爱好者的追捧。

博白白切　摄影：村

玉林牛巴

杨礼林

玉林牛巴　摄影：佘海兵

因为工作原因，在玉林和南宁之间来回两地跑差不多有一年了，每逢假日，我都迫不及待跑回玉林吃上一碗地道的牛巴粉过把瘾。之所以热爱，源自牛巴的味道，只有吃上那略带甜味、越嚼越有劲道的牛巴，才是家乡的味道。

我的大嫂是个"美食家"，做牛巴有一手，每当家人念叨着想吃牛巴了，大嫂二话不说，就开始准备食材，经过七道工序，一盘垂涎欲滴的牛巴端上桌，那是一家人最幸福的时光。

制作牛巴工序很讲究，必须选用肉质细而有嚼劲的黄牛臀部肉；切牛巴的刀功也要了得，要将一块5厘米厚的牛肉切成约1.5米长、3毫米厚的牛肉片，这样易于风干入味；风干过程要看天气情况，传统手工制作一般选择秋高气爽、温度适宜的季节，将切好的牛肉片铺摊在簸箕上晾晒，在阳光下晒上约四五个小时，牛肉片刚刚干爽即可，不宜过干过湿，回南潮湿天气不宜制作；晒好的牛肉干要经过热水浸泡清洗，再下锅蒸十多分钟，去除膻味的同时使得牛肉纤维组织更加松软；接下来是熬制，熬制的过程配料很关键，光是香料，就有甘草、甘松、丁香、八角、小茴香、陈皮、草果、沙姜粉、胡椒粉、蒜蓉、葱蓉、白糖、上好米酒等十多种，将晾晒过的牛肉，放入锅中配上上述香料"两煮一焖"，中途不定时翻动，以免焦锅，直至肉干松软；最后一道工序是用油浸泡，用油阻隔其与空气接触，达到物理保鲜作用，让人垂涎三尺的牛巴便做好了。

玉林人的口味偏甜，为了满足不同人的需求，玉林牛巴推出原味、香辣、孜然、麻辣等口味，受到许多外地人的追捧。

平乐十八酿

李红

"平乐十八酿"作为广西桂林的特色美食之一，以竹笋、螺蛳、冬瓜、柚皮、辣椒、豆腐、茄子、苦瓜、葫芦、豆芽、萝卜、香芋、南瓜花、蛋、大蒜、香菇、油豆腐、四叶菜这18种不同原料为酿壳，以肉、蛋、豆腐、糯米等为馅料，采用包、填、酿、夹等手法填入酿壳，再经蒸、煮、煎、烫等方式烹制而成。

桂林市平乐县处于低纬度地区，属于亚热带季风气候区，冬短夏长，光照充足，雨量充沛，对农业生产十分有利。相传，十八罗汉云游来到平乐，在尝过桂江鱼、品过石崖茶后，看到桂江沿岸山岭、农家和圩镇到处是鲜嫩的蔬菜，一时兴起，各显神通，做出了十八道酿菜，并将菜谱留给了当地人。

平乐酿菜讲究荤素搭配，口味独特鲜美，用料别致新颖，其实品种远不止"十八酿"，"十八"只是泛指其多。几乎所有食材到了平乐人手里都可以"酿"。你若来到平乐，热情好客的平乐人一定会做上几个酿菜待客。

平乐酿菜的风格不仅外观浓淡相宜，品质清淡自然，最显著的特色还是"精细"，如瓜花酿、竹笋酿、大蒜酿、豆芽酿等，这种细小的菜，酿起来虽颇费工夫，但做成后小巧玲珑，既是一道美食，又是艺术佳品，让人耳目一新，食欲顿开。十八酿，样样精彩，样样美味，如你在桂林呆的时间够长，一定要尝一下这些别具风味的酿菜，品味"山水与心灵同美"的桂林人的饮食文化精髓。

平乐酿菜（一）
摄影：李金华

平乐酿菜（二）

平乐酿菜（三）

平乐酿菜（四）

骑楼城内田螺香

郑羡仪　梁俊聪

　　每一座城市都会有一种味道让你流连忘返。梧州市的风味美食、特色佳肴众多，但这座城市浓郁的田螺香，绝对是众多美食味道中与众不同的一种。

　　这里有保留了上百年的传统岭南特色骑楼建筑群。漫步骑楼街道中，在某个街头巷尾就会飘来阵阵螺香，让人垂涎驻足。寻着诱人的螺香，来到小店门口。只见一大锅田螺在铁锅里咕噜咕噜地熬煮，切碎的红辣椒，浮在油亮的汤头上。螺汤里放入了姜片、紫苏末等各种香料用以调鲜。微风吹过，浓郁的螺香直往鼻子里窜，让人挪不开脚。夏夜降临，围坐在街边小桌，细细品着香螺：挑起一颗轻轻一嗦，鲜美香辣的螺汁伴着爽脆的螺肉一同进入口腔，浓郁咸香的滋味让人回味无穷。此时再尝尝螺汤泡的油果和酸笋，配上一支冰爽的饮料，这才是正宗的老梧州味道。

　　梧州人爱吃田螺，是有特定的气候因素的。梧州市地处岭南，位于两广交接，具有高温高湿的气候特点。而在 4—9 月，平均气温为 26℃，平均相对湿度更是高达 82%，湿热更为显著。田螺本身就具有清热祛湿的功效，《本草纲目》中记载，田螺利湿清热，止咳醒酒，利大小便。正因为这个原因，梧州人爱上吃田螺，用以调节湿热气候对人体带来的不适。气候原因，再加上梧州人对美食热情，造就了这股别具特色的山城田螺香。

梧州田螺　摄影：覃玉杏

阳朔啤酒鱼

唐莉梅

广西壮族自治区桂林市阳朔县地处中亚热带季风性气候区，热量丰富，雨量充沛，日照充足，温和湿润，四季分明。因其雨量充沛，所以辖区内漓江常年碧水长流。俗话说，一方水土养一方人，在优越的气候条件下，"土生土长"的漓江鱼也成了深受当地居民喜爱的美食之一。在以漓江鱼为主要食材的美食中，"啤酒鱼"最负盛名。

啤酒鱼是阳朔县有名的地方特色菜。顾名思义，啤酒鱼是以啤酒为佐料烹饪而成。阳朔啤酒鱼在用料上是有讲究的，一是鲜活的漓江鱼，二是桂北山区生产的茶油，三是桂林本土的啤酒。将鲜活的漓江鱼开膛破肚但不刮鳞，去掉内脏，平剖两半，每半边轻轻切上几刀以便入味，再撒上姜丝等佐料，另一边茶油烧热，将鱼投入油锅大火煎炸，直到鱼鳞变软微卷起，鱼身变得焦黄，淋入酱汁，加入西红柿、辣椒、姜、葱、蒜，再倒入啤酒焖煮，不一会儿，浓浓的香味便从锅里蔓延出来。尝一口，鱼肉鲜辣可口，没有一丝腥味，啤酒和辣椒与鱼香味互相映衬，呈献给食客一次完美的舌尖体验。

说来奇怪，阳朔啤酒鱼一旦从阳朔移师其他地方，就会失去原有的风味，因此食客们只有到阳朔才能品尝到鲜美香醇的啤酒鱼，阳朔啤酒鱼亦成为阳朔美食文化一道美丽的风景。到阳朔旅游，吃阳朔啤酒鱼，成了很多游客的标配。

啤酒鱼成为阳朔旅游的一大特色美食，对当地的旅游、经济、文化也产生了很大影响。阳朔还曾举行啤酒鱼王争霸赛，根据菜肴的颜色、香味、口感、造型进行综合评分。2017年，居住在阳朔的4名青年歌手创作了歌曲，其中"啤酒鱼送饭，鼎锅都刮烂，你讲来菜不来菜，好来菜"这一段充满街头风情的方言唱段，正是来源于阳朔县西街饭馆里此起彼伏的点菜吆喝。

阳朔啤酒鱼　摄影：唐莉梅

闲说恭城油茶

邓树荣

"讲起恭城（现桂林市恭城瑶族自治县，简称恭城县）有土俗，常拿油茶来泡粥；油茶好比仙丹水，人人喝了喊舒服。"今天，我们来说说"恭城油茶"。

话说乾隆爷六下江南，一次恰遇连日梅雨，北方人哪受得了这等天气，于是胸中憋闷、茶饭不思，御医熬了数个方子的汤药侍奉也无好转，一干随从抓耳搔腮冷汗直飘。正当大家无计可施之时，御膳房飘来一阵引人垂涎的清香，原来是一位恭城籍御厨触景生情，用老茶、老姜、大蒜和香葱做了一锅家乡的油茶聊解思乡之苦。乾隆爷寻香而入，一碗喝干，顿感神清气爽、口舌生津，两三碗下肚立刻经脉如涌、七窍大开，龙颜大悦赐名"爽神汤"。至今恭城的乡野巷尾还传唱着"恭城油茶喷喷香，又有茶叶又有姜；当年乾隆喝三碗，给它取名爽神汤"的童谣。

油茶醒脑益智、祛病延寿。长期以来，恭城县的莘莘学子在桂林市十二县（区、市）的中考、高考成绩一直雄踞榜首。据桂林市卫健部门统计，恭城县糖尿病的发病率仅有非喝油茶县份的四分之一。一方水土养一方人，恭城县每10万人中有11.03个百岁老人，全县人口平均预期寿命远超全国平均水平，2014年中国老年学和老年医学会认定恭城县为"中国长寿之乡"。风物闲美、天气澄和，2018年，国家气候中心认定恭城瑶族自治县为"中国气候宜居县"。

油茶一直与瑶民的生活形影相随，这与他们生活的地理气候环境密切相关。恭城属亚热带的山林地带，山高林密，潮湿闷热，瘴疠之气，百毒之虫，时时都在侵害着瑶民的健康。为了适应环境，智慧的瑶民就地取材，把茶叶、生姜、葱、蒜、花生、猪油、粗盐集于一锅，打出了汤色鲜黄的既能清热解毒、驱寒避瘴，又能醒脑益智、祛病延寿的瑶山饮料——恭城油茶。

　　现在生活条件极大改善了，但恭城县父老乡亲仍然传承着打油茶习俗。每到早餐午饭，每次串门闲坐，家家户户"哚哚哚"的打油茶声此起彼伏，漫步恭城城乡街头，油茶排档星罗棋布，满是三五好友围坐一方小桌聊天，这也成了恭城县一道独特而寻常的景致。

恭城瑶族自治县西岭镇新合村瑶民打油茶招待亲属　　摄影：李宏辉

马山旱藕粉

覃晓丽

　　旱藕粉是南宁市马山县"三宝"之一，堪称长寿绿色食品，含有丰富的钙、磷、铁、氨基酸、维生素，既营养丰富又易于消化，经常食用益血补髓，消热润肺，防止肥胖。其原料为旱藕，又名芭蕉芋，喜高温、喜光、较耐旱、怕涝，当地的地理条件非常适合其生长。

旱藕　摄影：覃晓丽

炒旱藕粉丝　摄影：覃晓丽

马山县地处桂中南部，大明山北麓，属亚热带季风气候区，日照充足，气候温和，雨量充沛，年平均气温在 21.7℃，历年极端最高气温 40.1℃，极端最低气温 1.0℃，年平均无霜期 362 天，年平均降水量 1707.6 毫米，年平均日照时数 1470.8 小时，对农林牧业生产十分有利。

马山县大石山区的壮村瑶寨自古就有种植旱藕的传统。旱藕粉丝的加工是采用民间传统手工艺精制而成的，制作工序古老、淳朴、复杂：首先把旱藕打磨成浆，经过加水过滤去渣、排放上浮的杂物、沉浆、取沉浆等 4 道工序；接着把沉浆用大缸或大木桶反复沉淀、排水、取淀粉、去沉底杂质，再反复把底部淀粉加水搅拌沉淀，连续 5 天操作完成；取用成品淀粉，要取用颜色呈微黄色的最上层和含有细微杂质的最底层烘干加工成优质佐料淀粉，而中间层为上等品，用于优质旱藕粉的加工制作；最后的工序是蒸粉，至少要有 3 人配合完成，1 人添柴管火、溶粉调浆、装托下锅，1 人管起锅、剔粉和摊粉，1 人管拉粉和晾粉；最后工序是切粉、装榻、晒粉、绑粉，每个工序都十分重要。

旱藕粉丝耐煮不糊，质地细腻，口感滑嫩，无异味，是粉丝中之上品。久食旱藕粉，可健胃脾、降血脂、清肠道，益血补髓，清热润肺，减肥增智。

来自木头的营养珍品

王雅倩　谢莉莉　赵柳双

沸水冲泡调匀后的枕榔粉　摄影：谢莉莉

传说骆越水的神女榔妹爱上村民桄哥后喜结良缘，因不履行神职而被河神惩罚，最后双双化作桄榔树为龙州人民挡住泥石流，桄榔粉便源自这传说中的桄榔树。

桄榔属棕榈科常绿大乔木树种，主要分布在我国东南及华南亚热带地区，喜高温多湿的气候，抗寒力很低，忌霜冻，耐荫蔽，适宜生长在年平均气温 20 ~ 30℃的地区。广西崇左市龙州县属于南亚热带季风区和石灰岩溶地区，年平均气温 22.4℃，年平均降雨量 1260.2 毫米，日照 1547.3 小时，无霜期 362.6 天，给桄榔树提供了适宜的生长环境。

桄榔本质坚硬，可制作棋盘、手杖；果实可入药；叶鞘纤维可制作船缆、绳索；花序的汁液可制糖、酿酒，故曰：桄榔全身都是宝，但对龙州当地居民来说，其最大的价值是制成营养丰富的桄榔粉。

桄榔粉是壮族历史悠久的传统美食，也是生在深山里的食用淀粉，营养价值很高，具有无脂、低热能、高纤维等特点，并含有钙、铁、锌、镁等多种人体必需的微量元素。龙州桄榔粉的制作有严格的工序，需在每年夏季开花时，选高大的桄榔树，取其赤黄色髓心放到石臼舂烂，装入布袋在清水缸中反复搓洗渗出淀粉，经过多次沉淀所得晒干后即为桄榔粉。目前市场上分为普通桄榔粉和红桄榔粉，红桄榔粉又称赤桄榔粉，营养价值相对更高，是游客返程必带品之一。

桄榔粉的食用方法很多，可用来制作糕饼，也可掺入面粉制作桄榔面，本地最常见的吃法是用沸开水调羹做甜品。泡桄榔粉有独特的秘诀，需要先用少许温开水将粉调匀，再用 100℃沸水冲泡，边冲边搅。制熟的桄榔粉呈透明膏状，润滑且清香可口、消暑生津，具有去湿热、滋补健身的功效，可作为治疗小儿疳积、痢疾、咽喉炎症等的辅助药物。在炎热的夏季，也可将其做成果冻或冰棒，吃法多样，老少皆宜。

寿乡火麻 养生必备

莫惠晴

在世界长寿之乡——河池市巴马瑶族自治县，"火麻"被喻为"长寿油"，而以火麻为原料烹制的菜肴更是长寿之乡的特色养生膳食。

《周礼》记载，麻即为五谷之一。火麻即大麻，为大麻科，属一年生草本植物。巴马的油用火麻是生长在桂西北石山地区的一种稀有的可食用大麻品种，近年来被作为绿色保健油料作物种植。

油用火麻是短日照的雌雄异株作物。不同季节种植、不同的日照条件对火麻植株高度有很大影响。根据实验观察，春季 2—3 月播种的火麻，植株最高可超过 4 米。4—5 月播种，则其高度约为 3 米；6—7 月播种，其高度仅为 2 米左右。

《本草纲目》指出，火麻仁补中益气，久服康健不老。火麻的果实火麻仁富含人体所需的多种矿物质元素及维生素，含有丰富的不饱和脂肪酸、油酸、卵磷脂、维生素、蛋白质等，其中不饱和脂肪酸占 90% 以上。火麻仁中的 $\omega-6$ 型与 $\omega-3$ 型不饱和脂肪酸的比例为 $3:1$，被世界卫生组织和联合国粮农组织认定为最佳平衡比率。

由火麻仁加工制成的火麻油不仅色清、味香，更具有降血脂、抗氧化、改善记忆、提高免疫等作用，是一种高品质的功能性油脂。因此，当地居民不仅将火麻油作为首选食用油，更将火麻菜肴作为保健食品长期食用，火麻青菜汤便是巴马最常见的传统特色菜。

火麻　巴马瑶族自治县文化广电体育和旅游局供图

火麻菜肴　巴马瑶族自治县文化广电体育和旅游局供图

芋香天下

李会玲

荔浦市位于广西东北部，桂林市南缘，地处北回归线北侧，属中亚热带湿润气候区。辖区内土地肥沃、资源丰富、雨量充沛、气候温和，非常适宜荔浦芋的生长发育。

传说在明代嘉靖年间，荔浦久旱无雨，农田龟裂，颗粒无收，农民无粮充饥，还要给官府上税，因此怨声载道。怨声传到一位芋仙耳中，这芋仙居住在福建闽江中游的盘谷山里，鹤发童颜，仙风道骨，他闻讯后腾云驾雾来到荔浦，在县城官帝庙脚下的肥沃土中播下芋种，这一年芋头丰收，饥民以芋为粮，度过荒年。此后，荔浦芋就慢慢的变成了荔浦的特产。

荔浦芋 摄影：李会玲

荔浦芋在明、清年间就被列为广西首选贡品，于每年岁末向朝廷进贡，深受皇亲国戚们的喜爱。20世纪90年代，电视连续剧《宰相刘罗锅》在全国播放，让本已小有名气的荔浦芋顿时名声大振。聪慧的荔浦人借"刘罗锅"的东风，到北京人民大会堂举行荔浦芋新闻推荐会，随团到北京的4位荔浦名厨在钓鱼台国宾馆展示了14道用荔浦芋为原料的菜肴——芋头扣肉、拔丝芋头、芋头煮小白菜……把这其貌不扬的荔浦芋发挥到极致，变成各种人间美味，摆上了国宴，2008年又被北京奥运会指定为专用芋头。

自古至今，荔浦芋扣肉都是荔浦人摆宴席时必不可少的一道菜。当地老人说，喜宴有芋，寓意主人全家人丁兴旺大团圆。因为一粒芋头种下去，到收成不但有母芋，还有一窝大大小小的子芋，即抱子抱孙之意。

在我小时候，以大米作为粮食还并不充足，荔浦芋便既作为蔬菜又作为粮食。母亲是个烹饪能手，她能将芋头或红烧，或捣成芋泥，或做成芋馅月饼，又或做成芋香馒头等。正如齐白石诗云："一丘香芋暮秋凉，当得贫家谷一仓。"不过我觉得荔浦芋最好的吃法，应该就像乾隆当年一样，将芋头整个带皮蒸熟后，用手剥食，据案大嚼，痛快淋漓，而且不必蘸任何调味料，自然香美非凡，就像天然出芙蓉的山水精灵，不增不减、不垢不净、天然真实、富有灵性。

荔浦芋富含蛋白质以及钙、磷、铁、钾、钠、镁，还有胡萝卜素、维生素C、维生素B以及皂角苷，能增强免疫功能。按照中医的说法，它解毒、通便、养胃、补中益气、散结、壮骨。

记得20多年前我在广东上学时，为了实现同学们吃上正宗荔浦芋的愿望，过了年回校，我带了6只荔浦芋头近30斤挤火车转快班，虽是大冬天，我却累得满头大汗。如今物流发达了，无论你在何方，只要你想吃，手指拨开手机轻轻一点，便能实现芋香天下。

连片种植的荔浦芋　摄影：李会玲

凉茶与龟苓膏——清热祛湿佳品

梁俊聪 邓碧娜

龟苓膏 摄影：梁俊聪

　　梧州市典型的气候特点是高温高湿，年平均气温为 21.1℃，年平均相对湿度接近 80%，而在夏季，湿热的现象就更为明显。在偏高的气温和湿度条件下，人体极易出现发热、头痛等典型的湿热症状。于是，清热祛湿的饮品、小食便成了当地人的挚爱，这里不得不提凉茶和龟苓膏。

　　梧州凉茶有着 1500 多年的悠久历史，一般由一些本地的中草药配制而成，不同的配方有不同的疗效，梧州凉茶的配方多达几十种。在梧州市的大街小巷，到处都有凉茶铺子，老人们有这样一个比喻，在梧州市，卖凉茶的店铺和米铺一样多。经过年代变迁，梧州凉茶衍生出繁多的品种，口味也变得更丰富，但解暑生津、祛湿降火始终是不变的功效。每当高温高湿季节来临、感觉口干舌燥之时，喝上一碗凉茶，入口虽显清苦，但回味却有甘甜，随后湿热之气尽除，这时便有说不尽的神清气爽。

　　龟苓膏也是梧州市特产之一，其主要功效也在于清热解毒、除燥祛湿。龟苓膏是运用多种草药熬制而成的膏体，色泽乌黑，味道略呈清苦，在食用时可搭配蜂蜜、椰汁、炼奶等佐料，利用甜香之气掩去清苦的味道，口感香甜又不失清热解毒的功效，让人回味无穷。

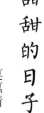

酸酸的味道 甜甜的日子

风味篇

莫惠晴

河池酸　摄影：韦柳

曹孟德望梅止渴，河池人闻"酸"垂涎。

河池人把酸嘢（酸菜）简称一个"酸"字。在河池人家，一年四季，无论是餐前小菜，还是饭后解腻，是日常零食，还是菜肴配料，总是能看到酸的身影。

河池人腌酸多以蔬菜为主原料，水果次之。其中，罗城仫佬族人腌制的藠（jiào）头酸，便是最典型的代表之一。

藠头酸是利用当地农家常栽种的多年生宿根草本藠（又叫薤）或者是野生藠腌制而成。一般野生藠头更香。将藠头根部洗净晾干后，混着食盐、碎蒜末、指天椒、老姜块和些许冰糖放入酸坛中，再倒入纯净水，随后将酸坛密封好。待藠头腌透时，开坛便能闻到浓烈的酸香味。食用藠头酸时，将其倒入擂钵中捣碎，配以食盐、辣椒，其气酸香、其味酸辣、其口感脆爽。

河池市各个县、区还有许多做法各异、风味不同的酸。大体看来，宜州、罗城、环江等县喜好偏酸略辣的酸品，而都安县人却偏爱红糖发酵的酸水腌制的偏甜的酸品。

河池人爱酸与环境气候有密切关系。河池地处低纬度地区，属亚热带季风气候，具有夏日长、冬日短、气温高、热量丰富、降水充沛的湿热气候特征。而湿热多雨的气候易流行腹泻、痢疾等疾病。在这样的气候环境下，河池人发现食酸不仅能够开胃，还能帮助消化和止泻，因而腌酸、食酸便在当地居民家中成为流行。

冰泉豆浆 醇厚情怀

梁俊聪 郑羡仪

豆浆 摄影：梁俊聪

梧州冰泉豆浆是著名的梧州传统特色小食，其独特之处就在于"冰泉"二字。由于梧州地处北回归线，气候温暖湿润，日照充足，森林覆盖率高。源自白云山的地下水，因周边林木葱茏、植被丰富，水质也格外甘甜。《梧州府志》记载，梧州城东有一口古井，井出冰泉，泉水甘凉清冽，自唐代起就已出名。宋代大文学家苏东坡两过梧州，用井中泉水泡茶，饮后惊叹道："入口胜霜冷，明净可鉴影，试烹白云茶，碗上雪花映。"

以冰井泉水制作的豆浆，醇浓、甘甜、香滑，如脂似乳，宛如琼浆，入口莹滑香甜，齿颊留香，浓郁芬芳。由于豆浆香浓，用汤勺舀少许滴下，可在豆浆表面滚落成珠，聚而不散，故又名"滴珠豆浆"。

冰泉豆浆声名在外，位于白云山脚的冰泉豆浆馆自然也是人潮涌动，游客络绎不绝。品尝冰泉豆浆时，还可以配上数款岭南特色小点心——清甜的马蹄糕、粉甜的芋角、嫩滑的肠粉……看着一桌的特色美食，地道的"老梧州"情怀便洋溢出来。

桂林三花酒

唐莉梅

"桂林三宝"之三花酒，是中国米香型白酒的代表，以其历史悠久、工艺独特、品质优良而倍受中外游客的青睐。

桂林三花酒自宋代开始酿造，得名于清代，因在摇动酒瓶时，会在酒液面上泛起晶莹如珠的酒花，入坛堆花，入瓶堆花，入杯也堆花，故名"三花酒"。三花酒的前身是"瑞露"，范成大在历史风物名著《桂海虞衡志·酒志》中盛赞瑞露酒："倾诉仕于朝，游王公贵人家，未始得见名酒……及来桂林，而饮瑞露，乃尽酒之妙，声震湖广，虽则'金兰'之胜，未能颉颃也。"桂林三花酒在瑞露的基础上，经过不断精心酿造，品质愈佳。

蜜香清雅，入口柔绵，落口爽利是三花酒的特点。三花酒品质好，究其原因是酿造它的水好、米好和酒曲好。它采用漓江上游澄碧见底、无杂味怪味又

三花酒酒窖内部

含微量矿物质的漓江水；米是漓江流域盛产的含淀粉高达 72% 以上的优质米；发酵用的酒曲是用桂林市郊特产的一种茎小而香气浓郁的药草制成。具备了三项基本条件，加上精工酿造，才酿成了三花美酒。

在生产工艺方面，三花酒采用半固态一次发酵法，即前期固态发酵，后期液体发酵。第一次蒸出的酒液，须经两次回锅复蒸，前后共蒸三次。将蒸好的酒液灌入大缸中，用纸筋、石灰封口，放入岩洞中贮藏两年以上。桂林冬暖夏凉、气温恒定且潮湿的岩洞构成特有的贮存条件，有利于酒坛内部脂化，使酒质更加醇香，保证了酒的独特风格。如此工艺下生产出的桂林三花酒，无色透明，蜜香清雅，呈玫瑰花香气；入口绵柔、落口爽洌、回甜，饮后留香。

三花酒除供饮用外，还可供药用、烹调菜肴等，因而销路广，销量也大，旧时以小本酿酒而发财者不少。因此，桂林民间流传顺口溜："想要富，烧酒磨豆腐。"抗日战争期间，酒精缺乏，各行业均以三花酒代替酒精用途，由此，桂林酿酒业急剧发展，仅三花酒糟坊就有 40 余家，加上兼营的，有百余家。仅泥湾街（今解放桥东岸沿河街）一带就有安泰源、朱长兴、罗永贞、恒吉祥等六七家之多，以安泰源的三花酒最有名。如今，桂林三花酒在两广、上海、武汉、北京、天津乃至港澳都享有盛誉，被誉为"桂林茅台"。

三花酒酒窖大门

百色芒果为什么这样『红』

黄路婷

　　说起广西壮族自治区百色市，有的人可能不太熟悉，但是提到芒果，说它是近几年来最受欢迎的水果之一，一点都不为过。芒果不仅是各式冷食饮品的主角，更以水果身份入菜，成为风味创新菜的重要食材。百色的芒果，如今已

丰收的喜悦　摄影：韦坚

成为国内市场上的"网红果"和著名商标。

有故事：百色芒果历史源远流长

百色是芒果起源地之一，种植历史已有300多年。《广西通志·卷二十》记载："芒果田州、土州（今田东、田阳）出，树扶疏直上，枝叶秋冬不凋，每二月另抽嫩枝，细花丛生，色淡黄，结实。五月熟，大如桃，黄色，味甘香。"《横州志》记载：南宁、镇南、田南（右江区）出产扁桃（柳叶芒）"冬不凋"，最好的食用方法为"熟则自落，藏一二日，肉成膏液，味甜而甘，如摘食之则酸"。在田阳县那坡镇那芘村那吉屯、右江区龙景街道福禄村福禄屯等地，现还存活着100多株上百年的老芒果树，树干直径约1.8米，3个成年人合抱不过来，树高约20米，当地居民把它们称之为"芒果的祖先""芒果王"。2006年7月出版的《中国作物及其野生近缘植物·果树卷》一书中记载："中国芒果产区在广西主要分布于右江河谷的田阳、田东、百色等县市""广西百色等地有200～400年生老树"。

"百色芒果"这一称呼从20世纪60年代开始广泛流传，越来越多的人知道百色的芒果甜香味美，"百色芒果"从此渐渐为人们所熟知。

有"颜值"：芒果生长的"风水宝地"

每年6—9月，一箱箱芒果从百色输往全国各地，深受广大消费者的喜爱。百色芒果之所以这样"红"，与其所处的独特地理位置、气候条件等有着密切的关系。

百色右江河谷地区是全国三大"天然温室"之一。右江河谷东起百色平果县，西至百色右江区，长150千米，宽30千米，与西双版纳、海南岛同被誉为中国仅有的"天然温室农业区"。这里地势南北高、中间低，自西北向东南倾斜，北部以土山为主，南部以石山为主；而这里的土壤呈土母质，为第四纪红土发育而成的赤红壤、砂壤土、黄壤土，土层深厚、肥沃、耕性好，是芒果生长的"风水宝地"。

盛产芒果的右江区、田阳区、田东县等右江河谷地区属南亚热带季风气候区，年平均气温21.9～22.1℃，极端最高气温40.9～42.5℃，无霜期约363.6～364.5天，年日照时数1633.0～1767.8小时，对农作物的光合作用十分有利。降水适宜，右江河谷年降水量1065.8～1081毫米，且降水主要集中在5—9月，"雨热同季"对发展农作物生产极为有利。空气质量好，右江河谷森林面积达 50564.3 公顷，覆盖率为 35.6%，地域内空气负离子含量高，使农作物生长过程保持良好状态。百色芒果生长在如此得天独厚的气候里，因而相对国内其他芒果来说，具有外观更加亮丽、果皮更显光泽新鲜、果肉更加细腻厚实、果汁更为清甜醇香、果实更加耐贮运等优良品质。目前除了右江河谷，百色两翼山区的田林、西林、那坡都在气候条件较为适宜的乡镇开始了芒果栽培。

有实力：“多重身份”提升品牌价值

名牌就是效益，名牌就是市场占有率。百色充分认识到给芒果"打造身份"的重要性，利用右江区、田阳区、田东县、凌云县、田林县、西林县等各地资源，发展独具特点的绿色、生态、健康的芒果产品，提高芒果的知名度和美誉度，打造"百色芒果"统一品牌。2016 年 12 月，"百色芒果"被国家质量监督检验检疫总局批准为地理标志保护产品。

芒果的产量、品质与地理环境、自然资源、种植技艺等一脉相承。为了更好地开展芒果特色农业气象服务，百色市气象局多次与农业部门有关专家座谈，并深入芒果产地实地调研，了解当地对气象服务的需求，共同探讨改进气象服

芒果挂满枝头　摄影：戴雨菡

务的方法，服务的精细化、针对性进一步增强。

通过调研，百色气象部门了解到农业部门和果农在芒果生长期间希望能够及时地收到关于低温、冰雹、暴雨、大风等天气预报预警信息，以便提前采取防灾措施，减轻气象灾害造成的损失；还希望能够开展针对性的天气预报，提早防范，保证果实品质。针对当地芒果产业对气象服务的需求，百色气象部门在芒果产区设置了区域自动气象站和农田小气候仪，加强气象监测，提高重大气象灾害性天气的监测能力和服务效率。同时利用气象大喇叭、手机短信、微博、微信等及时发布气象服务信息，不断延伸服务触角。

通过直通式气象服务，在可能出现灾害性天气时，百色气象部门及时通过各种渠道发布天气预报和预警信号，使果农可以提早做好应对措施，确保芒果品质和产量。

2018年，在广西壮族自治区气象科学研究所的指导下，经过联合攻关，百色市田东县"举家富"桂热82号芒果、田阳"芒果庄园"桂热82号芒果和凯特芒果获得"中国气候好产品"认证。这些百色芒果成为广西第一个获得"中国气候好产品"认证的农产品。获得了"新身份"，也就具有了更大的品牌价值。

每年夏天，百色芒果丰收，从线上到线下，从田间到市场，最后到消费者口中，甜蜜浸润着每一个环节。百色芒果，书写了从默默无闻到红遍大江南北的传奇。

金灿灿的芒果　百色市委宣传部供图

中国珍果
——容县沙田柚

邓雅倩

"十二兄弟团团坐，一层纱衣一层棉，外披一领黄金甲，手足情深赛蜜甜"——这是一种水果的谜语，也许大家看到这个谜语会联想到很多水果，但是在容县，一猜准是"沙田柚"。容县的沙田柚有两景：清明前后，气温在 22 ~ 23℃，空气湿度为 80% 左右，在雨水的滋润下，满园的柚子花相继绽放，厚实而饱满的白色花瓣包裹着淡黄色的花蕊，散发出阵阵清香。霜降前后，充足的光照加上不断增大的昼夜温差，使得沙田柚果实迅速变成金黄色，柚子成熟。在阳光的照耀下，一颗颗饱满的果实垂挂在纤细的枝条上，好似"千钧一发"。

历史悠久的"珍果"

沙田柚在容县可是"响当当"的名字，是中国—东盟博览会指定水果、中

容县沙田柚

国地理标志保护产品。

有个关于沙田柚的传说：乾隆皇帝巡游江南，容县籍官员夏纪纲把自己种的"羊额籽"（沙田柚原名）献给皇上尝个鲜，乾隆帝吃了大为赞扬，又因为此柚为沙田村产出，遂御赐果名"沙田柚"，从此"沙田柚"之名便流传开来。

容县沙田柚在 19 世纪 30 年代已远销东南亚、欧洲和拉丁美洲等地，在国际市场上久负盛名。1953 年容县沙田柚被送到莱比锡国际博览会参展，其汁饱脆嫩、蜜味清甜的风味，博得了国际友人的高度评价，最终被视为中国"珍果"。

天时地利人和的结晶

天下柚子数沙田，沙田柚子看容县。为什么容县的沙田柚好吃？这得从容县独特的气候条件和地理位置说起。

容县位于广西东南部，年平均气温 21.6℃，年平均相对湿度 78.5%，年平均降水量 1636.5 毫米，属于典型的亚热带季风气候。沙田柚属芸香科柑橘亚科，喜温暖潮湿，畏寒冷，是一种对气候要求较高的果树，其中气温和降水对它的影响最大。每年 2 月是柚子树的促花期，正值开春，容县平均气温在 15℃左右，平均降水量 53 ~ 54 毫米，气温不高，降水适宜，是花芽分化最理想的气候条件。3 月中旬至清明节前，都是柚子花开的季节，也是人工授粉最忙碌的时期，这期间如果雨水过多，会影响人工授粉的时间和效果，气温过高会导致花朵脱落。容县的沙田柚花期相对较迟，多数年份可避过清明前后的低温阴雨天气，利于提高坐果率；6—7 月容县平均气温在 27 ~ 28℃，气温较高，有利于沙田柚果实膨大；秋季容县降水减少，阳光充足，昼夜温差大，有利于沙田柚后期糖分积累；冬季相对低温干旱，利于抑制冬梢的抽生和促进花芽分化。容县这样独特的气候，就像是为沙田柚量身定制的一样，难怪容县沙田柚花香果甜。地理上，容县之北有大容山，西有天堂山，南有云开大山，东面是平贯高地，四者形成合围盆地之势，又有母亲河秀江横贯其中，为沙田柚种植提供了充沛的水资源。沙田柚果实含水量 80% ~ 90%，枝、叶、根含水量达 60%。充足的水源环境保证了沙田柚生长的基本条件。

除了气候、水资源等"天时地利"，容县沙田柚的高品质当然也离不开"人和"。勤劳的容县果农说，沙田柚是一种需要人精心呵护才有好回报的果树。种植沙田柚从种苗开始，就要经历除草、剪枝、晒土、施肥、灌水、疏花、授粉、疏果、浸果、套袋、病虫害防治等环节。每一个环节都需要娴熟的技术和丰富的经验，尤其是授粉季节，沙田柚自花授粉果小、产量低，必须采用人工异花授粉，提高产量，这需要果农拿着毛笔一朵一朵地异花人工传粉，传粉时间长达半个月。更有果农不辞辛劳引来石缝山泉，对自家沙田柚进行浇灌，造就了绿色环保无公害的好产品。

正宗的容县沙田柚具有独特的风味，在广西乃至全国都是炙手可热的馈赠佳品。每到收获季节，一颗颗金灿灿的果实被从树上采摘下来，再一车车运走，整个小镇随处可见堆成小山似的沙田柚。前来采购的人络绎不绝，仅一周的时间订购量就能达到数万吨，常出现供不应求的现象。更有甚者，会提前预订一整棵果树，到果实成熟时亲自到树下采摘。

致富路上的"幸福树"

经过多年的努力，容县沙田柚的种植规模不断扩大，目前容县沙田柚种植面积达 21 万亩，2020 年全县沙田柚年总产量约 22 万吨。农户们自发组织形成容县沙田柚种植协会，协会有专家每月免费举办关于沙田柚种植方法的讲座，并且大力推广"养猪—沼气—沙田柚—果实套袋—综合防治病虫害"的科学种植模式。当地政府重视沙田柚种植，策划柚花旅游文化节和沙田柚旅游文化节，使得容县沙田柚品牌名声大振。并投资建设了沙田柚无损智能糖度分选线，测量糖分和水分，根据测定结果给果实分级，不同等级的价格自然不同，大大提高了果农的收益。沙田柚成了当地百姓心中的"幸福树"。

包装好的容县沙田柚

『东方神果』——罗汉果

蒋熙

罗汉果甜汤
摄影：蒋熙

你听说过"神仙果"吗？它出产于我国南方，"籍贯"是广西壮族自治区桂林市永福县，是一种药食两用的名贵中药材和天然果品，《本草纲目》中也有关于它的记载。它，就是罗汉果，由于具有清热解暑、润肺止咳、滑肠排毒、驻颜美容、降脂、防癌等功效，素有"东方神果"之美称。

据明代永州（今永福）知州马光的《记略》记载，罗汉果原为一种野生果，最早是永福县龙江乡竹鸟寺的僧人摘来作为佛前的供果。经佛前香火灯烛烘烤，久之油亮光洁，隐露佛光。僧人用之烹茶，甘醇甜润，遂用于泡茶接待前来拜佛的善男信女，更增添了"神仙果"的美誉。

永福县常年平均气温19.3℃，7月平均气温27.8℃，温度及热量条件均能满足罗汉果生长要求。永福县辖区内罗汉果种植区主要以山区丘陵地带为主，月平均气温虽然低于周边平原地区，但昼夜温差大，白天的温度非常适合罗汉果的营养积累和生长，夜间温度低，则有利于减少罗汉果自身的能量消耗。借助富含硒元素的土壤和优良的生态环境，加上500多年的种植历史，管护技术十分成熟，永福罗汉果的种植技艺被列为非物质文化遗产保护项目。

罗汉果一般用开水冲泡作茶饮用，也可用来做膳食。"佛系"的它，可进行多种搭配，比如分别与生姜、红枣、雪梨入茶，或与粳米熬粥，与莲藕做甜汤，和百合、乌鸡做汤，或与甘草同入卤鸭翅、炖兔肉，等等。

值得一提的是，罗汉果中含有多种维生素及大量罗汉果糖甙，罗汉果糖甙的甜度是蔗糖的 300 多倍，却属于非糖成分，有降血糖的作用，是糖尿病和高血糖人群的理想甜味剂替代品。罗汉果中丰富的膳食纤维还能延缓胃排空，抑制肠道对糖类的消化吸收，有助于稳定血糖。

罗汉果　摄影：李立兵

荔浦砂糖橘

李会玲　廖荣顺

　　中国"砂糖橘之乡"在北回归线北侧的广西桂林南端不足40万人口的荔浦市。轻霜短冷，雨量适中，风力小，光照足，夏季气温高，秋冬昼夜温差大，是荔浦市的主要气候特征，这也使得荔浦砂糖橘的口感有别于周围市县。冷空气南下形成的云团大都自西向东或自西南向东北移动，由于荔浦市西南边、西边有桂中最庞大的山脉——金秀大瑶山—架桥岭的阻隔，降雨云团常绕道而行，荔浦市少有暴雨连天或阴雨连绵天气，以十足"阳刚之气"，呵护被誉为"东方圣果"的亚热带水果——荔浦砂糖橘健康成长。

荔浦砂糖橘种植区航拍　摄影：韦坚

荔浦砂糖橘 摄影：韦坚

  荔浦砂糖橘于1995年从广东四会引进种植，经过大量新技术、新方法对原有品种改良、推广，是荔浦知名农特产品，2017年被成功注册为中国地理标志商标。由于荔浦市独特的自然环境条件和土壤条件，生产出的荔浦砂糖橘果实大小均匀、适中，果扁圆形，果顶微凹，果皮光滑起砂，呈红色或橘红色，油胞明显，皮薄、果肉脆嫩、化渣、汁多、味清甜、风味浓郁，无核或少核，可食率75%～78%，可溶性固形物13%～15%。果实中含有多种维生素、蛋白质、钙、磷、镁、钠等人体必需的元素，还有抗癌元素硒，是"富硒水果"，十分符合现代人对优质果品的需求。常食可提高免疫力，防御疫病，并有助消化、除痰止渴、理气散结、润肺清肠、补血健脾、降血压等，老少皆宜。

  近年来，荔浦市成功地推广树冠覆膜防寒"三避"技术，延长了果实供应期。每年12月至翌年2月是销售砂糖橘的黄金期，在春节前后水果采摘的淡季，留树保鲜的砂糖橘以鲜果供应春节市场，售价高，畅销大江南北以及港澳地区和东盟各国，市场供不应求，成为荔浦市农村经济发展的支柱产业，更是农民增收致富的好路子。

  经过20多年的发展，荔浦砂糖橘已成为地方农业产业的支柱，改变了荔浦市农业发展格局，书写了一个又一个发展奇迹。

恭城月柿红

邓苏花雨

恭城月柿　摄影：韦坚

　　恭城月柿是广西传统出口创汇的名优产品之一。月柿也是桂林市恭城瑶族自治县（简称恭城县）柿子的专属名。恭城县属中亚热带季风区，气候温和湿润，年无霜期长，年平均降雨量1484毫米、年平均气温21℃、年平均日照时

晾晒月柿饼　摄影：韦坚

月柿饼

数 1448.2 小时，适宜月柿种植。月柿在当地已有 800 多年的种植和加工历史。月柿果形圆润无核、可硬可软，妇孺皆爱，有止咳、健脾益胃、活血降压的功效，其中冻柿清脆劲道，甚得孩童喜爱；柿饼软糯绵甜，适合老人咀嚼。

金秋时节，满山的月柿鲜果挂满枝头，红彤彤金灿灿，在阳光下晶莹透亮，像一个个挂在山间的红灯笼。刚从树上摘下的柿子，果皮吹弹可破，咬上一口，清甜的汁水在口中喷涌，果香充斥味蕾。

优质的恭城柿饼需要经过 6 道工艺制作而成，即采收选料—清洗削皮—日晒压捏—脱涩—定型捂霜—分级包装，而品质的好坏关键在于这里得天独厚的气候。在丰收的季节，果农们将去皮后的柿子放到通风良好且有阳光的地方晾晒，连续多天每天翻动，至七成干时捏成各种形状，最后将晒好的柿饼放入缸中，待其自然上霜。柿饼水分蒸发后色泽金黄透明，表皮有一层白霜，形如一轮圆月，"月柿"因此得名。

恭城月柿还有一个与众不同的特征，果实的蒂盖呈四方形，恰似一枚铜钱，一辨可知其出身。

灵山荔枝甜

梁月丽

谈到荔枝，总会让人想起唐代杜牧的"一骑红尘妃子笑，无人知是荔枝来"这一千古名句。据史料记载，灵山荔枝种植始于唐朝，宋朝已有较大的发展。灵山荔枝以果大、色美、肉厚、核小、质脆、汁多、味甜见长，因品质上乘而驰名中外。

荔枝是对气候条件要求严格的热带亚热带水果。受热量条件限制，它的分布范围极其狭窄。广西壮族自治区钦州市灵山县属南亚热带季风气候，热量条件丰富，冬无严寒，夏少酷暑；雨量充沛，四季宜耕，是最适宜荔枝生长

赏荔 摄影：李斌喜

的黄金地带之一。

　　夏季，灵山县的气温在 20℃以上，此时荔枝进入果实成熟阶段。但如果天气非常炎热，相对温度很低，使得荔枝果实横径增长较快，容易引起裂果，造成荔枝减产。其实，荔枝作为多年生果树，各个发育阶段期间的气象条件对其产量都有直接影响。荔枝生长面临的主要气象灾害包括寒害、花期连绵阴雨、倒春寒、高温天气、风害及结果期干旱等。合理利用气候资源，减轻气候灾害，改善作物生长的气象条件，是提高荔枝产量的有效途径。

　　荔枝既是人们口中的美味，也可入药。荔枝含有丰富的糖分、蛋白质、维生素、脂肪、柠檬酸、果胶以及磷、铁等，是有益人体健康的水果。荔枝味甘、酸、性温，入心、脾、肝经。果肉具有补脾益肝、理气补血、温中止痛、补心安神的功效；核具有理气、散结、止痛的功效，可止呃逆，止腹泻，是顽固性呃逆及五更泻者的食疗佳品；同时有补脑健身、开胃益脾、促进食欲之功效。

　　炎炎夏日，"日啖荔枝三百颗"是何等惬意！

丰收的荔枝　摄影：李斌喜

百香汇聚的水果

蒋熙

　　百香果原产加勒比海安的列斯群岛，广植于热带和亚热带地区，是一种热带水果，对气候环境条件要求独特，国内主要产地在广西壮族自治区。其中桂林市永福县地处低纬度地区，属于亚热带季风气候区，气候温暖，日照冬少夏多，雨水丰沛。年平均气温为 19.3℃，年平均降水量为 2127.8 毫米，年平均日照时数为 1364.6 小时，是非常适合百香果生长的优越气候环境。

　　百香果芳香馥郁，多种果香汇聚，酸甜多汁，果粒饱满，清新怡人。既可生食，也可作蔬菜、饲料，还能入药。果瓤多汁，常用来制成饮品。种子榨油，可供食用和制皂、制油漆等。

　　百香果不仅用在饮品、烹饪中，还用于酿酒，果壳也可以用来提取果胶、医药成分和加工饲料，可谓是用处良多。目前百香果有 3 个品种：紫色百香果、黄金百香果、紫红色百香果。

　　百香果的营养价值非常高，富含维生素 C，尤其适合小孩子和孕妇，既能美白养颜，还能清肠排毒；胡萝卜素和超氧化物歧化酶（SOD）成分可以有效抵抗衰老；尼克酸为细胞呼吸所必需，可以起到抗癞皮病，防止精神抑郁等作用；超纤维能够促进排泄，缓解便秘症状，减少结肠癌的患病率，超纤维还具有抗肿瘤活性；香酚成分具有很好的安神之效，可以用来治疗失眠。

　　此外，食用百香果可以增加胃部饱腹感，减少多余热量的摄入，还可吸附胆固醇和胆汁之类有机分子，抑制人体对脂肪的吸收，降低体内脂肪，从而塑造健康优美的体态。

百香果① 摄影：蒋熙

百香果② 摄影：蒋熙